U0273209

万能基本款

[日]Hana 著　孙潭玲 译

いつも流行に左右されない
服が着られる

中信出版集团 | 北京

图书在版编目（CIP）数据

万能基本款 /（日）Hana 著；孙潭玲译 . -- 北京：
中信出版社，2019.3
　ISBN 978-7-5086-9927-1

　Ⅰ . ①万… Ⅱ . ① H … ②孙… Ⅲ . ①服饰美学 Ⅳ .
① TS941.11

中国版本图书馆 CIP 数据核字 (2019) 第 010667 号

ITSUMO RYUKO NI SAYUSARENAI FUKU GA KIRARERU by Hana
Copyright © 2016 Hana
Simplified Chinese translation copyright © 2019 by CITIC Press Corporation
All rights reserved.
Original Japanese language edition published by Diamond, Inc.
Simplified Chinese translation rights arranged with Diamond, Inc.
through BARDON-CHINESE MEDIA AGENCY.

本书仅限中国大陆地区发行销售

万能基本款

著　　者：[日] Hana
译　　者：孙潭玲
出版发行：中信出版集团股份有限公司
　　　　　（北京市朝阳区惠新东街甲4号富盛大厦2座　邮编　100029）
承 印 者：鸿博昊天科技有限公司

开　　本：787mm×1092mm　1/32　　印　张：6　　　字　　数：150千字
版　　次：2019年3月第1版　　　　　印　次：2019年3月第1次印刷
京权图字：01-2018-4342　　　　　　广告经营许可证：京朝工商广字第8087号
书　　号：ISBN 978-7-5086-9927-1
定　　价：49.00元

上衣: 牛仔衬衫（优衣库）
下装: 九分裤（优衣库）
手镯: PHILIPPE AUDIBERT

Coordinates

穿衣的10件小事

不再跟着潮流走，
打造自己的穿衣风格

我十分喜欢优衣库的商品，因为优衣库的服饰大多造型简单、款式多样。
简洁对服装设计来说是十分重要的元素。为什么这么说呢？因为简洁产
生美。此外，简洁的服饰不管在什么时候都不会让穿衣搭配很失败。优
衣库的设计，就是为了让大家不轻易被"潮流"牵着鼻子走。

此外，如果你跟我一样喜欢简洁的服饰，你会发现经过学习，穿衣搭配
的能力会大幅度提高。你不需要再考虑选择什么样的设计，穿衣搭配的
重点其实就是"如何获得平衡"和"如何挑选小配件"。

其他的快时尚品牌服装，因为元素繁复，搭配起来很难。而喜好优衣库
的朋友会发现，优衣库的服装因为设计简洁，所以搭配起来不会太困难。
不过，即使是设计简洁的优衣库，如果搭配不对，还是会给人一种"果
然是廉价货"的庸俗感。

上衣: 双排扣有腰带的防水布料
风衣（优衣库）
下装: 超弹直筒牛仔裤（优衣库）

为了让自己的造型看上去不那么俗气，我们应该怎么搭配呢？最关键的是"购买时的选择"。这听起来好像理所当然。但不管是什么人，在购买服饰的时候首先要想到的是"是否适合自己"。知道这件东西适合自己，才想购买。听起来好像是这样，实则不然，很多人发现，如果真的能明白什么才是适合自己的，就不会那么辛苦了。确实，要想选择真正适合自己的东西，还是需要掌握一些小窍门的。

开衫：防晒V领开衫（优衣库）
上衣：一字领T恤（优衣库）
下装：超弹直筒牛仔裤（优衣库）
包包：ZARA
鞋子：匡威
手链：CHAN LUU
手镯：PHILIPPE AUDIBERT

选择服装的三大要素是"材质""颜色""板型"。提起这三要素，首先跃入脑海的是优衣库的尺寸，优衣库的尺寸很全。"尺寸"是"板型"的关键，所以如果你选择了合适的尺寸，大多数情况下等同选择了合适的板型。知道这一点，不管是优衣库还是别的店，你都能挑选到适合自己的衣服。

本书的目的在于，你看完本书后，自然就会明白如何挑选"材质""颜色""板型"。为此，我大量引用了之前在博客和照片墙（Instagram）上分享的照片。

希望大家通过阅读本书，成为"衣着简洁却自成风格"的人。此外，即使遇到不适合自己的设计，也能通过搭配使其变得适合自己。

优衣库的另一个魅力是"便宜"。造型感可以通过包包、鞋子等来提升。衣服可以选择便宜的，然后将省下来的钱购买别的东西，比如饰品。最后，祝大家能够成就完美的自己。

披肩: Johnstons
包包: PotioR
外套: 立式折领大衣（优衣库）
上衣: 针织衫（优衣库）
下装: 直筒九分牛仔裤（优衣库）
鞋子: Odette e Odile

目录 *Contents*

第1章 挑选真正适合自己的服饰

第2章　搭配的基本规则

第3章 衣橱里的必备基础单品

第4章　迅速提升搭配格调的细节

Chapter

Select items that suit you

挑选真正
适合自己的
服饰

选择适合自己的服饰，
搭配立马变简单

如果有人问："你想要什么样的服饰？"你会怎么回答呢？

我觉得可能有以下几种回答："百搭的衣服""潮流服装""名牌服装"……

很多人是"在想要的衣服里面，寻找适合自己的衣服"，但是要我说："只买那些适合自己的衣服，不适合的即使想要，也暂且放一放。"

那些每日疲于选择的人，都是因为在不适合自己的衣服中挑拣。不管是上衣还是下装，拿到不适合的要想搭配好，都需要满足一定的条件。如果不能满足条件，怎么搭配都无法穿出效果，最终费时费力，还不能让自己满意。这样反复几次，就会自暴自弃，将不适合当作适合，之后又会反复购买类似的衣服，陷入恶性循环。

大家在购买衣服的时候，不要只想着"这件衣服能否搭配我已有的衣服"，而应该优先考虑"这件衣服是否适合我"。不管是上衣、下装，还是其他服饰，只要简洁大方，搭配起来并不困难。

上图
上衣：风衣（优衣库）
下装：牛仔裤（优衣库）
墨镜：Chloé
手表：劳力士
图中：GU

下图
眼镜：Salt
手链：CHAN LUU
衬衫：条纹衬衫（优衣库）
摄影：macocca

之后，你就可以尝试各种搭配了。

虽然一开始你看不到适合的衣服的魅力，但它能让你拓宽搭配的风格。用适合的服装设定出"我的风格"，然后在此基础上挑战别的搭配。首先，寻找到"适合的衣服"，然后你才会体会到"选择服饰"和"搭配"的快乐。

比起收集各种款式的衣服或潮流服装，不如用适合自己的衣服装点衣柜。

要知道自己适合哪种
"材质"、"颜色"和"板型"

那么，什么样的服饰最适合自己呢？

回想一下，你是否拥有"反复搭配的衣服""穿了无数次已经旧了，却因为很容易搭配而舍不得丢弃的衣服""一穿上就被别人夸好看的衣服"？怎么样，想起来没有？

在此，我希望大家回忆一下这些衣服的"材质"、"颜色"和"板型"。如果符合上一段提到的特点，就是我说的"反复搭配的衣服"。也就是说，你可以从自己喜欢的服装中，寻找到自己适合什么"材质"、"颜色"和"板型"。

也许有人不曾拥有"反复搭配的衣服"，对这样的人来说，首先要弄清楚自己喜欢的衣服具有什么样的"材质"、"颜色"和"板型"。

是否适合由"材质"、
"颜色"和"板型"决定

决定某件衣服是否适合你的因素是什么？

在知道自己适合什么"材质"、"颜色"和"板型"的基础上，选择"自己想要的风格"。在右页中，有三件不同风格的衬衫，大家可以选择自己喜欢的风格。穿上一件衣服，站在镜子前，仔细观察，如果穿上后还是喜欢，就说明这件衣服适合你，如果不喜欢，就说明这种风格的衣服不适合你。当然，不是说一个人适合的衣服只有一件，也有人三件都适合。这里不是让大家尝试所有类型，而是希望大家感受尝试不同风格的快乐。

尝试之后你就可以知道自己适合什么和不适合什么。当然也不是说让大家不要购买不适合自己风格的服装，对搭配来说，拥有各种各样的服装，感受各种风格是一件很重要的事情。只要知道自己适合或者不适合就可以了。右页清晰地介绍了三件衣服的所有信息。之后我还会告诉大家如何寻找适合自己的服装。

Material

材质决定大致的穿衣搭配风格

① 人造丝轻便衬衫　② 高端亚麻衬衫　③ 纯棉衬衫
以上皆来自优衣库

① **柔软又富有光泽，很显女人味儿**
   聚酯纤维和人造丝组成的合成纤维，质地如雪纺那样柔软。

② **天然材料打造出休闲随意感**
   类似感觉的面料还有麻、牛仔、灯芯绒、粗糙质感的棉。

③ **张弛有度的材质，让人看起来更加成熟**
   面料一般是100%棉或是100%丝，柔滑又有弹性。

Color

优雅色调，还是温柔色调

① 防晒 V 领开衫　② 高端亚麻衬衫　③ 柔软的法式厚绒布 T 恤　④ 防晒 V 领开衫
以上皆来自优衣库

①明亮清爽的颜色，适合的人穿起来会显得很年轻。

②明亮的色调混合白色，让穿着者看起来很温和。

③混合灰色的稳重色调，制造出高雅的感觉。

④鲜艳的原色，适合的人穿起来会显得华贵。

同样是粉红色，加强色彩或是加入别的色彩，就变得不一样了。所以大家并不是
不适合粉红色，而是应该选择适合自己的粉红色。

Shape

选择适合的板型，就可以穿出最美的自己

① 圆领T恤　② 纯棉T恤　③ 蝙蝠袖T恤
以上皆来自优衣库

T恤主要有这三个种类。

① 普通的T恤

② 稍微有些修身的T恤

③ 松松垮垮的T恤

大家看到上面的照片后，有什么想法？①看上去有点儿刻板；②下半身看上去相对来说有点儿胖；③看上去反倒显瘦。虽然同样是T恤，但是因为板型不同，穿上后，有的显胖，有的显瘦。因为每个人适合的板型有所不同，所以，即使某一件不适合，也有别的板型适合你。因此，不要武断地判定"T恤不适合自己"。此外，领子形状以及领口的大小都会让风格为之一变，可以参考056页、144页。

穿上后显高，
就是适合自己

说到底，"适合"究竟是什么？

直截了当地说，就是穿上某件衣服后，是否令你的身材显得好看。再说得详细点，就是是否"显高"和"显瘦"。

例如，如果有条裤子"穿上后，显得腿特别长"，这条裤子就是"适合"你的服装。即使你没有这种明显的感觉，但是肯定存在某种裤子能让你的腿显得长且细。这样的服装拥有得越多就越容易搭配。

而新潮的衣服，即使穿上后稍微有些不合适，也会让大多数人觉得这件衣服很好看。不过，潮流只是一段时期的流行，当时也许看上去很美，但是随着时间的流逝，就会显得特别古板、老旧。

随着年龄的增长，潮流和你不再有关系了，这时候的"适当衣着"就显得格外重要。当你穿着适合的服装时，一般会被大家夸奖说"最近瘦了吧""皮肤变好了呢""变年轻了"……这些都是基于选择了"适合你身材的服装"。其实，我的身材也有很多缺点，比如后背有点儿弓，胳膊有些粗，身高也没有那么高，但是照片中的我却显得光鲜靓丽。这都是服装在起作用。所以最重要的就是选择"适合自己的服装"。

上衣：蝙蝠袖T恤（优衣库）
下装：直筒九分牛仔裤（优衣库）
包包：Anya Hindmarch
鞋子：GALLARDA GALANTE
手表：卡地亚

下装和鞋子同色，可以显腿长

细腿裤和同色系高跟鞋搭配，因为
色调接近，会让腿显得特别长。

要想拥有自己的风格，
先找到"最适合自己的尺码"

你知道"自己的风格"是什么样的吗？

很多人错误地以为"自己的风格"就是"松松垮垮"。其实不是那样。穿上后便于行动又不显得穷酸，看上去稍微有些休闲，才是优衣库打造的风格。一开始也许很难把握，但当你掌握了"检验"的诀窍后，就很简单了。

首先，在选择上衣的时候，要注意，如果选择的是露出锁骨的款式，要尽量避免过大，否则衣服的侧面会形成褶皱；如果选择胸口有扣子的款式，则扣子不能过紧，否则会将衣服扯得很难看。这些都要尽量避免。

其次，检查肩膀部分。溜肩的人要注意肩膀处的布料是否会鼓起来；弓肩的人则要注意肩膀部分的设计是否过于僵硬，侧面看肩膀是否显得很突出。如果有这些问题，当然不能称之为"最适合自己的尺码"。

最后，还要检查背后。如果布料在肩胛骨附近有多余的部分，则代表太大，背影会看起来很圆。相反，如果穿上后显出文胸的形状，则太小了。此外，还要注意衣服的长短，如果是正常板型，不管是多么短款的衣服，衣摆都要达到脐下四指的位置。

选择下装的时候，不要根据腰部来选择，而要根据臀部。穿上下装后，如果臀部下面形成褶皱，就不是合适的下装。还有一点要注意，穿上下装后，要让人感觉出臀部的存在才可以。

以这些为基准，你就可以找到"最适合自己的尺码"了。

披肩: Johnstons
包包: ZARA
上衣: 呢子大衣（优衣库）
下装: 九分紧身牛仔裤（优衣库）
鞋子: Odette e Odile

对于材质挺括的衣服，一定要根据自己的身材选择最适合的尺码

柔软布料制作的衣服，可以选择稍大的尺码。为什么这么说？照片中这种
材质挺括的大衣，如果选择大一些的尺码，穿上后会令肩膀和身体都显得
很宽大，穿起来就不那么好看了。

试穿常用码
之外的尺码

我有自己"超级推荐的百搭单品",比如超弹牛仔裤、人造丝轻便罩衫、蝙蝠袖T恤等,它们都很适合我的身材,所以,我很爱穿它们。

不过,要想找到"适合自己身材的衣服",最重要的就是尝试,甚至要尝试常用码之外的尺码。上衣的话,所有尺码都可以尝试,下装可以尝试常用码之上的三个尺码到之下的一个尺码。虽然之前告诉过大家选择"最适合的尺码"的重要性,但不局限于自己的常规尺码,有时能让自己看起来更有格调。假设最适合你的尺码是M号,但是根据某一种设计,你的最佳尺码可能是L号。最适合你的尺码只是最适合你身材的尺码。也许听到这里有些人会说:"啊?怎么可能试那么多?"对此,我希望大家记住一句话"没有错误的衣服,只有错误的尺码"。只要大家按照我提出的方案尝试衣服,一定能选择到最佳服装。即使你已经觉得M号很合适了,也可以尝试一下S号,可能会发现意想不到的效果。假如S号和M号都不合适,那就试下L号或是XL号,说不定就合适了。肩膀处,蝴蝶袖款式的衣服S号合适,但是水手衫毛衣可能又是XL号合适。根据设计的不同,适合的尺码也不一样。

开篇就说过,优衣库因为设计简洁,所以不管上下装怎么搭配都合适。在反复试穿的过程中,找到最适合自己的服装,是一件值得花费心思的事情。它们一定会成为你的心头好。所以，请大家耐心尝试各种尺码。

"合适"的基准是"让你的身材扬长避短"。上衣穿上后，是否比穿着别的衣服显得更有品味（瘦的人穿上后，不会显出穷酸相）？下装穿上后，要显腿长。

与其限定自己上衣穿 M 号，裤子穿 25 号，不如把握自己的大概尺码，但是也不要过度迷信大概的尺码。

"尺码不同，衣服可能呈现出不同风格"，这是因为尺码不同，衣服的板型也发生了变化。也许只是"很少的一点点"，但就是这"一点点"让板型变得完全不一样了。

你是否经历过"身材类似的朋友穿上某件衣服后看上去很美，自己也试着穿同样的衣服，却不是那么好看"？遇到这类情况，请不要灰心。即使同样身高、体重的人，适合的尺码也不相同。即使体形相同，骨骼、肌肉的生长曲线等细节也不相同。

Size

S 号和 L 号的不同之处

S

~~~~~~~~~~~~~~~

Size

S 号给人利落的感觉

要想给人利落的感觉，请选择这个尺码。推荐在办公室穿着。

上衣：优质亚麻衬衫（优衣库）
下装：直筒牛仔裤（优衣库）
项链：SUGAR BEAN JEWELRY
手链：CHAN LUU
手表：卡地亚

L

Size

L 号给人成熟的感觉

日常穿着请选择这个尺码。比自己适合的尺码大一号，领子容易挺立，线条更加随意，很适合搭配其他服装。

判断自己是上半身显眼
还是下半身显眼

通过观察自己的体形可以很明显地判断出自己是上半身显眼还是下半身显眼。只要你知道了这一点，就能很容易地找到适合自己的服装。请大家照照镜子确认一下。

当然，也有人不能区分得很清楚，比如上半身的要素和下半身的要素混合在一起时。请对比下一页的"要素"进行区分。

大家在挑选衣服的板型、设计时，对照这些要素，可以快速地做出选择。

The upper Body

[上半身比较显眼的人]

☐ 胸部比较丰满

☐ 全身都比较丰满，只有膝盖以下的部分线条才清晰起来

☐ 手、脚都比较小

☐ 手臂有些胖

The lower Body

[下半身比较显眼的人]

☐ 总体看起来，上半身显得比较单薄

☐ 选择下装时，更加在意腰部的尺寸

☐ 脖子比较长

☐ 腿比较短

选择服装时从下半身
开始可以避免失败

选好"适合的衣服"后，我们开始关注搭配的问题。只要拥有了"适合的衣服"，搭配这件事就简单了，根据"时间""场合"选择合适的衣服。简单又方便。

日常生活中常会出现这样的情况，看到时髦的人，我们会羡慕地说："那个人穿得真好看啊！"但是如果着装不适合某个场合，可能就会变成："虽然穿得很好看，但好像有点儿别扭啊！"办公室也有相似的情况。

带孩子出门时却穿着高跟鞋，万一有什么要跑动的情况，估计就跟不上脚步了。随着年龄的增加，如果你依然不注意服装的搭配，周围的人也会觉得你的搭配不合时宜。

那么，如何针对场合选择服装呢？答案很简单，那就是先考虑下装和鞋子。服装的搭配一定要适合面临的场合。

·当朋友带着孩子来玩耍时，你可能要帮忙照看一下孩子，这时不要穿短裙。

·今天可能要参加一个时间较长的座谈会，所以不要选择容易起皱的裤子。

· 当你要骑自行车购物时，请选择便于行动的牛仔裤和运动鞋。

· 参加学校的三方会谈（教师、学生和家长）时，请穿着符合正规场合的西裤。

正如上文列举的几种情况那样，先想想自己今天有什么事情，然后决定下半身的穿着。这样既不会惹人非议，搭配也能得心应手。

让自己时尚的秘诀就是不放过机会。虽说要便于行动，但是每天都穿牛仔裤和运动鞋，难免有些无趣。当你去参加朋友聚会时，就可以穿上高跟鞋。跟孩子的爸爸在一起时，可以穿上短裙。只要提前想想今天的行程，选择下装和鞋子就很简单了。

本书收录的造型中，搭配运动鞋的情况很少出现，虽然居家生活少不了运动鞋，但还是轻便的高跟鞋看着更时尚些。如果你能将运动鞋穿出时尚感，当然也可以享受运动鞋带来的快乐。

光滑面料的T恤，休闲中带着女人味儿

这套搭配适合和孩子去游乐场，加上帆布背包，可以空出双手照顾孩子，是彻底的休闲风。只要选择光滑面料的T恤，就可以展现女性的成熟美。

耳环：Salt
项链：BEAUTY & YOUTH UNITED ARROWS
手链：CHAN LUU
手表：卡西欧
墨镜：ZARA
上衣：套头T恤（优衣库）
内搭：吊带背心（优衣库）
下装：男友风牛仔裤（优衣库）
包包：KANKEN
鞋子：阿迪达斯

成熟的色调搭配出统一感

这套搭配适合和家人一起去商场购物。在条纹T恤上用珍珠项链点缀，既优雅又可爱。条纹衫、托特包、运动鞋，都选择成熟的深色系，给人统一感。

墨镜：JINS
耳环和手链：JUICY ROCK
项链：jewelry shop M
戒指：卡地亚
手表：Michael Kors
上衣：条纹一字领T恤（优衣库）
下装：带褶皱中裙（优衣库）
托包：L.L.Bean
鞋子：新百伦

强烈的色彩对比，给人时尚感

这一套是接孩子或是参加妈妈聚会、孩子班会时适合的穿着。虽然不是非常时尚的搭配，但也能透出些许时尚感。驼色和藏青色搭配在一起制造出强烈的色彩对比，让人感受到时尚的气息。

外套：羊毛混纺大衣（优衣库）
上衣：羊绒高领毛衣（优衣库）
下装：超弹牛仔裤（优衣库）
鞋子：UGG
包袋：路易威登
项链和手镯：JUICY ROCK
手表：NIXON
披肩：BUYER

将灰色混进鲜艳的色调中

这套搭配适合和同学一起吃饭。想要整体显得明艳，肯定要选择大红色。为了不让明艳变得土气，可以选择灰色来搭配。灰色混合明艳的大红色，更能衬托品味。

项链和手镯：JUICY ROCK
手链：ModeRobe
戒指：卡地亚
手表：ZARA
披肩：macocca
上衣：美利奴羊毛开衫（优衣库）
下装：罗纹毛圈针织中裙（优衣库）
打底裤：CK
鞋子：ZARA
包袋：PotioR

上衣在
"自己想要的风格"中选择

参考下半身的着装来选择上半身的着装，上半身的着装要考虑当天"自己想要的风格"。

所有搭配都可按照以下方法:

下半身→TPO原则（即着装要考虑时间"Time"，地点"Place"，目的"Object"）

　　　　+

上半身→自己想要的风格

这样才是"合适的搭配"。

尽可能将当天想要的风格在脑海中形成具体的画面。

去孩子的学校时，要让人看到一个稳重的妈妈形象；工作中遇到重要安排时（做简报、向顾客介绍公司产品等），要让人觉得值得信赖；出席女性聚会时，则要展现自己最美的一面……

请大家从自己拥有的服饰中，挑选不同场合需要的搭配。本书结尾提供了根据上衣类别进行穿搭的示范照片，请大家参考。选择服饰的第一步是决定"自己想要的风格"，请将此作为每天早上选择着装的习惯。

跟孩子出门的日子

跟孩子去公园玩耍时，不妨一副慵懒的样子去
玩吧。在这套搭配中，休闲风条纹T恤搭配红色
休闲鞋，立刻显出时尚感。

耳环: jewelry shop M
手表: 劳力士
戒指: 卡地亚
包包: BEAUTY & YOUTH UNITED ARROWS
上衣: 条纹一字领T恤（优衣库）
下装: 修身牛仔裤（优衣库）
鞋子: Boisson Chocolat

带领子的上衣，适合多种场合

长辈突然来访，这时可选择带领衬衫，随意搭
一件针织衫外套就可以去一家比较好的餐厅吃
饭了。衬衫，是适合多种场合的单品。

上衣: 高端亚麻衬衫（优衣库）
项链: R-days

要想看起来时尚，
一定不能搭配得凌乱

要想穿衣看起来很美，搭配上就要"简洁、颜色少"。虽然叠穿会使用很多颜色，能使人看起来年轻，但是大多数情况都会因为色调不协调而失败。凌乱是美丽的天敌。

凌乱的原因有两个：

1. 设计过于华丽

带有各种颜色、花纹、褶皱、蕾丝、蝴蝶结、宝石等设计的服装，只要穿上一件，整体搭配就会很华丽。但实际上你很难找到和它搭配的衣服，而且和饰品、包包、鞋子也容易冲突。

2. 结构太多

例如，穿了带领的衬衫又搭配了一件针织衫，又穿了外套，还搭配了披肩，戴了帽子；又例如条纹 T 恤搭配水手领开衫毛衣，之后又搭配饰品。这些就是结构太多的例子，过于烦琐。

也许有人觉得叠穿多件很正常，但是我想说的是"最多两件"。试着将上半身的服装减少到两件，你会拥有前所未有的清爽。（如果有人觉得穿两件会冷，请在里面穿一件保暖内衣。）

不管是设计多么简洁的衣服，只要叠穿，就会变得很凌乱，因为它们的板型、材质、色调都不一致。

最完美的搭配就是，上下服装都很简洁，如果觉得"哪里不够"，那么可以用包包、鞋子来点缀。此外，发型、饰品，甚至袖子的卷法都能成为搭配的一部分。将这些细节和搭配一块儿思考的人，就能成为最时尚、最美的人。

服装的搭配秘诀就是"简洁和清爽"。

变美的秘诀：
选择面料柔软的服装

材质可以决定一件衣服给人的印象。假如有一天你要去见一个第一次见面的人，希望穿一件漂亮的衣服，那么能引起对方注意的，一定是拥有"上乘面料"的衣服。

如果你觉得"所有衣服都不适合"，一定是因为你现有服装的风格比较单一。在此，我推荐大家去了解不同的材质，并拥有各种材质的服装。你拥有的服装类型应该包含"引人注意的"、"休闲的"，以及"在这两种之间的"。

此外，还有一件很重要的事情希望大家记住——即使是材质，也有适合和不适合之分。只有选对了适合的材质，你的穿衣品味才会提高一个档次。

就像我之前所说的那样，多尝试各种类型的服装。因为不同材质适用的场合不同，拥有各种材质的衣服对你很有帮助。你可以学习一些技巧，将不适合你的东西变成适合你的。

例如，你想购买一件衬衫，这时首先要确认——它是否和你已经拥有的衬衫重复。如果你什么都不思考就购买一件衣服，那么这件衣服很容易和已经拥有的衣服重复。请参考032页的图表，用不同材质、不同风格的服装丰富自己的衣柜吧。

Material

针织衫因为针织纹路的不同可呈现出不同的风格

① 粗针毛衣　　② 棉 / 羊绒 / 混合纤维针织毛衣　　③ 防紫外线针织衫
以上皆来自优衣库

① 粗针（粗犷的大针眼）

　温暖、低龄、男孩风格

② 中等针（介于粗细针之间）

　自然、纯真

③ 细针

　成熟、有魅力

最常见的材质是"棉"

"材质"可以赋予一件衣服风格，与"板型"和"色调"有同等的威力。但是相比"板型"和"色调"，"材质"常被人忽略。正因为材质很少引起大家的注意，所以在搭配时，配合色调，经常能搭配出意想不到的效果。

例如，你是否经常觉得"有些服装过于花哨、太过华丽，还是不要穿了"？原因就是这些服装"面料上乘并且色调华丽"。还有一种服装给人"童装"的感觉，很大程度上是因为这些服装"材质休闲且色调华丽"。

了解材质其实并不困难，参考032页和033页的图表，你就可以知道你所拥有的服装材质是富有魅力的还是休闲的。请大家记住，人造纤维等光滑柔顺的布料可以让人感觉富有魅力，粗糙的针织毛衣则适合休闲风格。

不管是富有魅力的布料还是休闲风格的材质，都要尽量避免鲜艳的色调。

藏青色和人造纤维，
打造成熟魅力

我觉得最好的"色调和材质"的组合是"白色的纯棉面料"。洁净度第一的白色，特别是纯棉的白色，让人感觉年轻而有活力。

还有一种让你绝不后悔的搭配，就是"藏青色的人造纤维面料"。人造纤维是富有魅力的面料，加上藏青色，立马显出女性的魅力。

此外，"黑色皮革材质的服装"也推荐大家拥有。皮革也是富有魅力的材质，加上适合成年人的黑色，给人干练的感觉。

熟练掌握成熟风格
和休闲风格

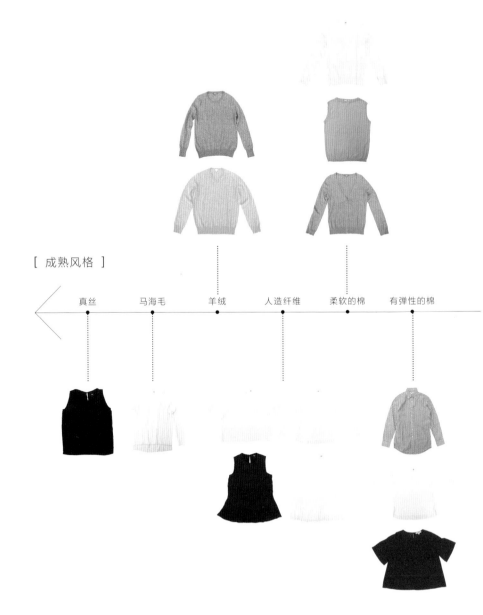

[成熟风格]

真丝　　　马海毛　　　羊绒　　　人造纤维　　　柔软的棉　　　有弹性的棉

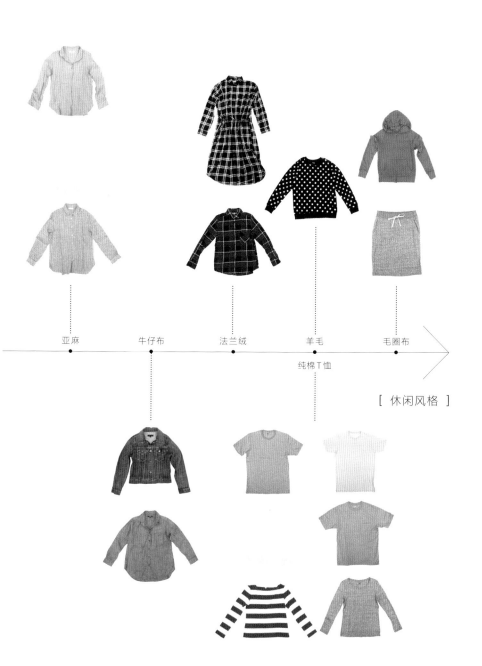

亚麻　　　牛仔布　　　法兰绒　　　羊毛　　　毛圈布

纯棉T恤

[休闲风格]

拥有黑、白、灰
这类可以反复搭配的基础色

基础色，一共有黑、白、灰三种，可以称它们为"无彩色"。无彩色的意思是，它们可以与红、蓝、黄任意混合而不显出本来的色彩。它们"个性好"，能搭配任意颜色。

基础色可以搭配任意颜色而不显得花哨。因此，当你为色彩搭配而苦恼时，可以上下装都选择这三种颜色的服装；在没有时间考虑搭配时，也可以上下装都选择这三种颜色的服装。这样一来就没有什么搭配是困难的了。

当你尤其适合某一板型的服装时，请选择这三色中的某一种购买，绝对不会错；在追赶潮流的时候，这三种颜色也不会很快过时。成为"被他人羡慕的人"，就是这么简单。

这三种颜色中，需要大家注意"黑色"。虽然黑色很容易搭配，但是它也有着"厚重""男性化""正式"的标签。所以，当你还不能熟练应用穿搭技巧时，请小心使用。比如尽量减少使用面积（无袖或是短袖），选购V领的款式，让面部轮廓看起来更加清晰，或是选择黑色的下装。

当你还不能熟练应用搭配技巧时，选择黑、白、灰可避免失败

脚下搭配白色，可以让上身厚重的穿搭变得轻巧。白鞋还显得比较女性化。上下身颜色平衡得刚好。

上衣: 带有大口袋的 T 恤（优衣库）
下装: 直筒九分裤（优衣库）
鞋子: 阿迪达斯
手表: NIXON

全白搭配不会错

全白搭配常出自高级服装搭配师之手。点缀披肩，或是披一件衬衫，扎一条腰带，立马呈现出立体感。这样的搭配简直完美。

针织衫: 防晒 V 领开衫（优衣库）
上装: 一字领 T 恤（优衣库）
下装: 超弹牛仔裤（优衣库）
手表: 劳力士
手链: CHAN LUU

没有不适合的颜色

你知道自己适合什么颜色吗？实际上，没有不适合的颜色。准确来说，只要色调改变了，总能适合。

假设你不适合"纯蓝"，那么加入少许灰色的灰蓝或是粉蓝，你可能就适合了。所以不要一下子就判定自己不适合蓝色，可以多尝试不同色调的蓝色，相信大家一定能找到适合自己的。

请大胆尝试色彩，试穿各种颜色的服装。特别推荐白色，最好上下装都有。白色可以给他人清爽的印象。此外，白色的下装可以一扫之前的墨守成规。

虽然我极力推荐纯白，但选择适合自己的颜色才最重要。例如，白色可分为四类——纯白、米白（比纯白稍微柔和一些）、象牙白（偏黄一些）、牡蛎白（偏灰一些）。当然不是要求大家一定要记住这些，而是希望大家在购物时看到类似的白色，可以试穿一下，或许有意外之喜哟。适合的秘诀是：明亮的灯光下，穿上后能让自己的脸部突然变亮。

此外，并非各种颜色的服装都要拥有，希望大家先拥有黑、白、灰三种基本色彩的服装，找到基础搭配的服装后，再发展别的颜色，不让自己因为色彩而迷茫。

Black

[黑色]
有瘦身的效果
高级感

White

[白色]
能很好地表现材质
纯洁感

Red

[红色]
华丽、强势、温暖

Gray

[灰色]
可以混合各种颜色
有品味的颜色

Green

[绿色]
可以搭配所有的颜色
安心感

Blue

[蓝色]
清爽、成熟、
冷静

Pink

[粉色]
柔软、女人味儿、
年轻

Yellow

[黄色]
给人温暖的印象
让周围变得明亮

Navy

[藏青色]
知性、性感

Brown

[棕色]
温暖
适度的厚重感

三色原则

在搭配服装时，请尽量将颜色控制在三种以内，这样效果更好。年轻时，即使将很多颜色搭配在一起也会显得时尚，但是随着年龄的增长，我们会渐渐败给颜色。如果衣服的绚丽多彩反倒比人更显眼，克制地使用颜色，会因简洁而将面容映衬得恰到好处。

不要将所有颜色都算在这三种颜色内，规则之一就是，白色不算。此外，配饰、鞋子的色调算一种颜色。

首先，决定服装的主色调。主色调在搭配中占最大面积，所以它决定了整体搭配的大致印象。选择主色调的关键就是"避免红、黄、蓝这三个原色"，因为原色是强势的色调，会给人比较强势的感觉，这样一来，简洁的设计都没有了意义。041页最上方的搭配中，主色调是柔和的粉色，给人一种温柔的感觉。

然后选择辅助色调，辅助色调的面积仅次于主色调。041页最上方的搭配中，辅助色调选择了冷色调的牛仔蓝，这样就不会显得过于甜美。粉色的主色调加上酷酷的蓝色还给人清爽的感觉。这个时候再搭配一双黑色的鞋子，会显得很酷，搭配淡棕色则给人稳重的感觉。

上衣: 特级棉大尺寸衬衫（优衣库）
下装: 紧身瘦腿裤（优衣库）
包包: 无品牌
鞋子: ZARA
手表: 卡西欧

最后选择装饰色。装饰色是面积最少的颜色，有收尾和点睛的作用。示例中，红色的轻便女鞋作为装饰色，起到了收尾和营造华丽感的作用。选择装饰色的关键是，要选择和主、辅色完全不同的浓艳色调，可以起到补充作用。

以上法则遵守起来并不困难。

还有一个绝对不会失败的色彩搭配方法，那就是选择黑、白、灰中的两色加一种装饰色。将基本色作为主色调，会让人感受到都市的气息。某一天，如果你正为搭配色彩而苦恼，不妨选择黑色和白色，不仅摩登，还简单。

此外，041页中间的搭配也很推荐，米色加同色系的橘色。使用同色系搭配，可以搭配出只属于成熟女性的精致感。米色和橘色给人的印象是类似的，将它们搭配在一起可以强化效果。

041页下面的搭配是"黑色或白色＋装饰色"，这种颜色对比强烈的搭配，适合"想给他人留下印象"或"想表达强烈存在感"的情况，正式场合也可以穿着。

1 粉色
主色调是淡粉色

2 蓝色
辅助色是牛仔蓝

3 红色
强烈的红色占最小面积

上衣：短款圆领T恤（优衣库）
下装：直筒牛仔裤（优衣库）
耳环：JUICY ROCK
项链：jewelry shop M
挎包：Anya Hindmarch
鞋子：Boisson Chocolat
手表：卡西欧
戒指：卡地亚

1 米色
主色调是米色

2 橘色
选择同色系的橘色，不
但展现成熟美，还可以
显腿长

上衣：泡泡纱套头T恤（优衣库）
内搭：罗纹背心（优衣库）
下装：九分西裤（优衣库）
腰带：ZARA
鞋子：Boisson Chocolat
项链：lujo
挎包：BEAUTY & YOUTH
UNITED ARROWS
戒指：卡地亚
耳饰：JUICY ROCK
手表：NIXON

1 黑色
主色调是黑色

2 黄色
装饰色是明艳的柠檬黄
色，形成鲜明的对比，
仅仅两种颜色就显出华
丽和品味

外套：切斯特大衣（优衣库）
下装：直筒裙（优衣库）
包包：ZARA
鞋子：FABIO RUSCONI
上衣：羊绒V领针织衫
（优衣库）
内搭：罗纹背心（优衣库）
项链：R-days
耳饰：jewelry shop M
手表：JUICY ROCK
手表：劳力士

同色系原则
让搭配变简单

所谓的同色系原则（全身以同色系为主）是成熟女性的特权，年轻女性穿起来反倒显得有些老气，而成熟女性穿起来会让他人感受到女性的成熟美和独特的雅致。所以有些搭配高手就喜欢这么穿。

在早上为穿什么而为难时，我也会选择这种风格，而且越来越依赖这种风格。

同色系原则所使用的颜色，必然如右页中那样，只使用"黑色、白色、灰色、米色"这四种颜色。只使用这些颜色不但不会失败，反倒可以搭配出让人惊艳的造型。这四种颜色的衣服，不管什么材质市面上都有很多，所以你可以很容易地找到适合自己的。值得注意的是藏青色，虽然藏青色也可以穿出这种风格，但是这种颜色太正式了，很容易穿出制服或是正装的感觉。

同色系原则的搭配秘诀就在于，用小东西或是小细节营造立体感，比如挽起袖子、搭配太阳镜。

黑色　　白色　　米色　　灰色

银色点缀黑色，打造优雅风

用银色搭配黑色，再加上凉鞋，整体会显得有些异域风情。此外，选择粗布衬衫这种休闲类的衣服，搭配起来也很容易。搭配运动鞋则会显得可爱。

项链：JUICY ROCK
别致和手镯：
PHILIPPE AUDIBERT
腰带：ZARA
手表：劳力士
连衣裙：泡泡纱无袖小黑裙（优衣库）
衬衫：粗布长袖衬衫
包包：Anya Hindmarch
鞋子：ZARA

白色服装要搭配深色装饰物

白色服装搭配深色装饰物，才会体现出立体感。示例中，帽子的绸带和包包的把手都是黑色，作为修饰进行点缀，会呈现出线条美。当你购买纯白服装时，记住选择大一号的，不仅不会显得丰满，还会呈现出一种成熟美。

项链：JUICY ROCK
饰物：SUGAR BEAN
JEWELRY
上衣：泡泡纱罩衫
（优衣库）
下装：泡泡纱中裙
（优衣库）
手链：ma chere Cosette
手表：NIXON
帽子：reca
风帽：Sans Arcidet
鞋子：Odette e Odile

米色服装要深浅结合进行搭配

如果搭配时使用同种颜色，就会显得毫无身材可言。选择鞋子时，浅色比深色适合，深色会显得很突兀。

罩衫：STYLE DELI
衬衫：BEAUTY & YOUTH
UNITED ARROWS
手链：jewelry shop M
戒指和手表：卡地亚
外套：风衣（优衣库）
上衣：羊绒和棉混纺的针织衫（优衣库）
下装：针织宽腿裤
（优衣库）
披肩：HAPTIC
包包：PotioR
鞋子：阿迪达斯

选择灰色时，材质一定要有变化

因为灰色属于比较正式的颜色，如果穿着细腻材质制作的服装，会让人觉得比较正式。打造休闲感的秘诀就是材质一定要有变化，这样才能显得时髦。

披肩：Johnstons
戒指和手镯：JUICY ROCK
戒指：卡地亚
手表：ZARA
上衣：粗针毛衣
（优衣库）
下装：直腿七分裤
（优衣库）
包包：无品牌
鞋子：新百伦

Chapter

2

Basic rules

第 2 章

搭配的
基本规则

搭配前请了解服装的
基本线条

A
Line
可爱的 A 曲线

I
Line
富有女人味儿的 I 曲线

Y
Line
休闲的 Y 曲线

耳环: JUICY ROCK
项链: BEAUTY & YOUTH
UNITED ARROWS
手链: CHAN LUU
上衣: 防晒针织衫（优衣库）
连衣裙: 泡泡纱连衣裙（优衣库）
包包: Sans Arcidet
围巾: GU
鞋子: Odette e Odile

耳环和项链: R-days
手表: 劳力士
手镯: PHILIPPE AUDIBERT、lujo
外套: 针织外套（优衣库）
上衣: 绉绸背心（优衣库）
下装: 紧身牛仔裤（优衣库）
包包: 芙拉（FURLA）
鞋子: SEVEN TWELVE THIRTY

耳环: JUICY ROCK
项链: R-days
手表: 劳力士
手镯: lujo
针织衫: 棉织毛衣（优衣库）
衬衫: 高级棉大号衬衫（优衣库）
下装: 修身九分裤（优衣库）
包包: ZARA
鞋子: 阿迪达斯

也许你经常听到"I曲线""Y曲线""A曲线",如果了解它们,你就能轻松搭配出跟以往不同的造型。

"I曲线"是魅力风,"Y曲线"是休闲风,"A曲线"是可爱风。"I曲线"上下身都很贴合,给人一种干练又有魅力的感觉。"Y曲线"上半身比较宽松,下半身贴身,呈现出便于行动的休闲风。而且"Y曲线"多搭配修身的裤子,可以打造出一种成熟的休闲风。"A曲线"上半身比较贴身,下半身的搭配如伞般扩散开来,展现出专属于女性的可爱感。记住以上这些曲线,在出席正式场合时,就可以选择利落的"I曲线"。诸如此类,搭配起来会方便得多,目标也更明确。

假设你不知道另外两种曲线,总是以"A曲线"示人,遇到严肃的场合,也错误地打扮成可爱风,就容易引人侧目了。

在这三种曲线中,最常使用的是"Y曲线",在成熟感中混入休闲的气息,最能展现搭配的魅力。请将"Y曲线"设定为每天的基础搭配,在需要利落时搭配出"I曲线",需要展现可爱的一面时搭配出"A曲线"。记住这三种曲线,搭配也能变得简单起来。

融合优雅与休闲的"Y曲线"

"Y曲线"能同时将休闲和优雅融于一体。只要搭配出"Y曲线",自然就混合了两者。此外,"Y曲线"让上半身微胖的人看起来更纤细。

打造"Y曲线"很简单,就是上半身宽松,下半身修身。

"Y曲线"的搭配秘诀是"上半身女性化",这一点要记牢。

上半身要选择可以烘托女性柔美气质的服装,可以选择人造纤维、真丝这种柔软顺滑的面料,也可以选择大一些的纯棉衬衫。虽然彩色粗针织毛衣、大孔针织衫、紧身裤等也可穿出"Y曲线",但这样会缺乏美感,请大家不要这样搭配。

右页的示例选择了V领上衣,可以将女性衬托得更加精致美丽。羊毛衫披在肩上,显得更加年轻。此外,在穿衬衫的情况下,一定要将领子敞开,这样可以露出锁骨,更显成熟妩媚。

下半身请选择贴身的裤子。不一定是紧身牛仔裤,可以选择剪裁精良的西裤或直筒裤。总之,就是要让下半身看起来纤细。这时候请选择最适合自己的尺寸。如果你想穿裙子,请选择紧身裙。打造"Y曲线"时,

打造"Y曲线"时领口要敞开

领口敞开，才能展现出属于成熟女性的美。
此外，将衣摆塞进裤腰中时，不要全部塞进
去，要随意一些，这样才有立体感。

希望大家像上图那样"将前衣摆塞进裤腰里"，展示出腰线，背后遮住
一半臀部，这样可以更好地展示线条。

不要将袖子放下来，随意卷起一些，把袖子完全放下来显得有些土气。
"Y曲线"就是要打造出"慢慢变细"的感觉。由于"Y曲线"的上
半身是宽松的，如果裤子也选择宽松款，就会显得较胖。如果选择窄脚
裤，则会显腿细。

只要穿出腰线，
"I曲线"就不会失败

要想穿出女人味儿，就选择"I曲线"。"I曲线"特别适合想显瘦的人。其实，"I曲线"还显高。

"I曲线"的搭配方法是：上下身都选择修身的服装，而且要选择最合适的尺寸。之前反复强调过，最合适的尺寸不是穿上后紧绷绷的尺寸，而是稍微有些宽松的尺寸。"I曲线"的下半身着装和"Y曲线"相同。"I曲线"和"Y曲线"的不同在于上半身着装。

能轻易穿出"I曲线"的长罩衫

长罩衫因为强调线条感，所以穿上后显瘦、显高。

"这种搭配不会显得沉闷吗？"也许有人有这种担心。确实，如果穿不好的话，会将身体穿成桶形，整个人显得毫无生气。"I曲线"的搭配秘诀就是，穿好后一定要在镜子前从侧面检查自己，上下装都没有堆积感就可以。"I曲线"的另一个搭配秘诀是，上下装都要修身。如果担心显得身材比例不好，推荐扎一条皮带或是将衣服塞入裤腰中，突出"腰线"可以轻易地平衡上下身的比例。此外，突出腰线还可以显腿长。

长款外套也是打造"I曲线"时经常选择的款式。如果大腿有些粗，可以选择长度到膝盖的外套，这样可以掩盖身材的不足，看起来也更加清爽。对于打造"I曲线"来说，只要掩盖住身材的缺点，你的搭配就成功了。

此外，打造"I曲线"时，不要使用鲜艳的颜色或是有复杂装饰物的服装。简洁的设计立刻让你更美。

最后要注意，选择条纹服装时，下装和鞋子要选同色系，这样也可以显腿长。

简单地说，"I曲线"的搭配技巧就是，上下身选择同色系但不同材质的服装。例如，人造丝上衣＋牛仔裤。这样一来，立体感就出来了。对所有搭配来说，只要能"体现立体感"，搭配就成功了。

"Ａ曲线"可爱
又有品味

当你想搭配出可爱又有品味的造型时，可以选择"Ａ曲线"。"Ａ曲线"是最适合亚洲人体形的曲线，学会这个曲线的搭配，穿衣会很方便。

"Ａ曲线"的原则是，上半身紧凑，下半身展开。搭配时，上半身可以选择贴身的上衣或是短款Ｔ恤，下半身可以选择喇叭裙或是裙裤等。

最简单的"Ａ曲线"服装是右页照片中的Ａ字裙，从胸口以下开始展开，腰线很高，有显腿长的效果。选择长裙时要选过膝的款式，才会显腿长。

选择"Ａ曲线"时要注意，不要让自己看起来过分年轻，"Ａ曲线"最忌讳"看上去很华丽"。希望大家在搭配"Ａ曲线"时，一定要避免华丽的、有花边的、有蝴蝶结的、有褶皱的、有商标的Ａ字裙，它们是破坏可爱感的天敌，会将"Ａ曲线"变成一件很可怕的事情。

"Ａ曲线"的关键是"材质"，选择有成熟感的材质，一定不会失败。光滑的、有垂感的、亚光的材质都可以，推荐泡泡纱、绉纱、细针织等面料。

此外，纯棉的休闲类服装，成熟女性穿起来多少会有一种睡衣的感觉，所以要尽量避免。

如果你觉得自己不适合"Ａ曲线"，
可能是因为选错了服装的材质

"Ａ曲线"和其他曲线相比，蓬松感会因
服装的材质而异。所以，当你选择了错
误的服装材质来搭配"Ａ曲线"时，肯
定会失败。下次可以变换服装的材质尝
试一下，说不定就合适了。

打造只属于
自己的宽松感

前文已将三种曲线一一说明，如果你之前只适合其中一种，不妨尝试一下另外两种，一定会有意外收获。

所以，不要觉得不适合自己的曲线一定不能穿，将不适合变成适合的关键是"宽松感"。只要稍微调整，就可以将不适合变成适合。

穿出"宽松感"的秘诀是"尺寸"，关于如何选择尺寸在014页已经进行了说明。大家可以根据服装设计的不同，选择不同的尺寸。例如，打造"A曲线"时，可以尝试"紧身针织衫＋百褶裙"这样的搭配。如果是脖子比较修长的人，这个组合可能会打造出奥黛丽·赫本式的可爱哟。

如果这个组合让人显胖，上衣则要选择最适合自己的尺寸。在选择上衣时，比起紧身针织衫，修身针织衫也许更合适，稍微宽松一点儿也可以。

当服装的宽松度最恰当时，你会立刻变美。大家可以模仿杂志中的搭配，选择最适合自己的尺寸，在不破坏"A、I、Y曲线"的情况下，做一些调整，穿出适合自己的宽松感。这样一来，不管是哪种曲线，大家都能找到适合自己的。

挽起裤脚、垂下少许头发，
可以流露出洒脱感

要想打造出一种不做作的洒脱
感，可以尝试挽起牛仔裤的裤
脚、垂下少许头发，这样反倒
显得洋气。

上图
上衣：人造丝T恤（优衣库）
下装：超弹牛仔裤（优衣库）

下图
上衣：蝙蝠衫（优衣库）
下装：直筒牛仔裤（优衣库）
鞋子：GALLARDA GALANTE
包包：Anya Hindmarch
手表：卡地亚

上衣的长度由身材决定

有些朋友在购买上衣时经常为长度而苦恼，不知道该买长一些的还是短一些的。

实际上，每个人都有适合自己的上衣长度。

上衣的长度由身体的比例决定，能让自己的上半身显瘦，就是适合的长度。

要想找到适合自己的上衣，也要参考臀部的形状。穿上比基尼短裤，站在镜子前检查自己的臀部，确认臀部哪个部位比较圆。一般来说会出现右页的三种情况。

1. 腰下部的臀部较圆。

2. 大腿上方的臀部较圆。

3. 没有什么曲线，臀部较扁。

1. 应该选择长度到腰部的上衣。

2. 应该选择短款上衣。

3. 适合长款上衣。

这样一来，大家就能很容易地找到适合自己的上衣了。

调整细节，
让整体造型焕然一新

如果某天你觉得自己不在最佳状态，也没有必要慌慌张张地变换自己的搭配风格，调整细节，也许可以让整体造型焕然一新。

服装的细节在于领子、袖子、裤脚，你可以在这些地方动点儿心思。

例如，解开领口的三颗扣子、挽起袖子、卷起裤脚。露出脖子、手腕、脚踝会给人一种简洁感。这样一来，即使是同样的搭配，也会呈现完全不一样的感觉。适合的服装会越来越适合，不适合的服装也会变得适合。这也是穿衣技巧之一。

露出脖子、手腕、脚踝不但能体现成熟感，还能让女性看起来更加清爽且富有女人味儿，这是因为这些搭配技巧中，包含着男性的利落，也混合着女性的魅力。

鞋子也是细节之一，露出脚趾会更有女人味儿。此外，鞋子的颜色也可以改变造型的整体感受。

发型、耳朵、手指也是细节之一，特别是头发，发型可以让搭配风格完全改变。耳朵、手指上的小饰物也可以展示女性的柔美，日常搭配中戴上耳钉或是耳环，即使很小也能发挥作用。

上图
耳环：jewelry shop M
手链：CHAN LUU
戒指和手表：卡地亚
上衣：条纹衬衫（优衣库）

下图
下装：直筒九分裤（优衣库）
鞋子：Odette e Odile

立体感可以改变一件衣服

只要穿出立体感，不管是什么服装都能展现美感。立体感可以改变一件衣服，使其变得干练，所以穿出立体感，可以说是穿衣的第一要务。秘诀就是站在镜子前，从前到后、从左到右地查看自己的搭配。从各个角度检查，可以更好地穿出立体感。

Before

[将衣服的下摆塞入腰中，可以让双腿看起来更长]

将衣服的下摆完全塞入腰中看起来中规中矩，如果裤腰是松紧裤带，看起来也会很别扭。所以，可以只塞入前半部分。

宽松衬衫的穿法

一开始全部塞进去，然后拽出衣服的后摆。

塞入效果

将下摆塞入腰中，可以让双腿看起来更长。

［ 挽起袖子可以散发女人味儿 ］

试穿衣服时，不要忘记挽起袖子。

挽袖

折叠袖子

挽起袖子可以露出更多肌肤并调整整体比例。如果穿着不合适的服装，单是挽袖这一动作，就能展现另一种美。

露出纤细的手臂，展现女人味儿。

［ 领子和头部的比例用扣子调节 ］

将扣子全部扣上会显得脖子有些短，脸也会显得更大。

向后拉衣领

解开扣子

向后拉衣领，可以展现漂亮的锁骨。

最少解开两颗扣子。

［外套可以迅速地改变整体造型］

不管是华丽的颜色还是朴素的颜色，外套要多姿多彩。

披着外套

搭在肩膀上

强调侧面曲线，看上去就像穿着外套一样。

加重上半身的分量，有华丽感。

系在腰间

披在肩膀上
打个结

强调腰线，让腰部看起来更细。此外，可以补充造型的颜色，
也可作为腰部的装饰。

在锁骨下方打结比披在肩膀上更有分量。这招推荐给上半身比
较瘦的人。

[用小饰品打造立体感，使其成为最好的点缀]

饰品和发型是搭配造型的好伙伴。

戴帽子

可以让个头变高，显得更有曲线。

围围巾

这是搭配的进阶技巧，颜色明亮的围巾相当于一个反光板。

摇摆的
耳环和飘逸
的头发

这两样可以改变面部的光彩。虽然耳环是一种饰物，却可以让面部变得有光泽。

戴手镯

偶尔露出手腕，戴上手镯，可以增加正式感。

模特：reca　上衣：条纹衬衫（优衣库）　耳环：STYLE DELI
手链：CHAN LUU　帽子：macocca

包包的轻重感
操控着整体风格

搭配时考虑"轻""重"可以让穿衣水平上一个新台阶。当你觉得"今天的搭配好像太沉重了",或是"今天的搭配好像没什么特色,无法让人印象深刻"……这时,负责调节"轻""重"的就是包包。

包包的"轻"或"重"可以直接传达给他人。也就是说,当你拿着沉重的包包时,给人的印象也是沉重的;拿着轻巧的包包时,给人的印象就是轻巧的。沉重的包包让人看上去有些男性化和正式感,轻巧的包包则更加女性化,甚至比较年轻。当你去商务谈判时应该选择正式的包包,去公园约会则应该选择轻便的包包,用包包调节气氛,搭配会更加适合你要面对的情况。

"轻"或"重"是由颜色和材质决定的。黑色、茶色等深沉的颜色会显得"重",浅色则显得"轻"。此外,绿色、红色、蓝色等鲜艳的颜色也会显得重。也可通过实际感受来判断,比如皮革较重,布料较轻。右页的搭配中,从左到右是由轻到重。越大的包包越显得男性化,小的则显得女性化。即使穿着同样的服装,搭配不同的包包也会完全不同。

只是一个包包,就可以完全改变整体造型的轻重感受,大家一定要记住这一点。

Light   *middle*   *Heavy*

拿着感觉很轻，就是"轻型"包包

拿起包包的时候感觉比较轻，这个包包就是使用轻型材料制成的。此外，颜色淡的也属于轻型包包。轻型包包容易搭配出休闲风。

围巾：Pyupyu
包包：L.L.Bean
鞋子：匡威
上装：棉和羊绒混纺的针织衫（优衣库）
下装：修身直筒裤（优衣库）
其他和手镯：JUICY ROCK
手表：卡地亚

中间色属于"普通类"包包

米色、咖色属于中间色，以这类颜色为主的包包属于"普通类"包包，休闲风和优雅风都可以使用。

包包：macocca
鞋子：ZARA
鞋子：SEVEN TWELVE THIRTY

深色就是"重型"包包

深色包包有种厚重的感觉，所以属于重型包包。重型包包很容易搭配出正式感和办公室感。

包包：macocca
包包：PotioR
鞋子：ZARA

优雅风和休闲风的
黄金比例

搭配显得时尚是有诀窍的，那就是不要让休闲因素占比太大，优雅因素应该占大部分。如果搭配时将休闲作为主要因素，就会变得比较孩子气。另一方面，如果优雅因素占比太大，则会变成晚宴风格。所以最好的搭配就是优雅因素混合休闲因素。黄金比例是优雅因素占六七成，休闲因素占三四成。

为了便于大家理解，我将各类设计打上分数，在068、069页进行了总结，越优雅则分数越高，越休闲则分数越低。要想让自己穿得时尚又大方，目标得分应该在3.5分以上，最好的分数应该在4.5分以上。

067页的搭配都使用了人造丝罩衫，但是搭配不同，给人的印象完全不同。

举例说明，某天要走很多路，需要穿运动鞋。因为运动鞋为2分，这样一来就拉低了平均分，这时可以用发型和妆容来弥补，发型和妆容为4分。

条纹衣服为2分，如果搭配同样为2分的派克大衣，分数自然不高，这个搭配要想看起来漂亮就有点儿困难了。除了"购买别的派克大衣"，你首先要思考的是，是否拥有别的让自己变漂亮的服装。在搭配时参考漂亮和优雅的分数，就可以改变自己的形象。

3.6
分

偏休闲的搭配

4分　4分　4分　5分　2分　3分

牛仔裤让搭配偏离了优雅

要想让牛仔裤看起来漂亮，就要搭配偏优雅风的衣服和配饰。不能穿运动鞋，应该选择平底鞋或高跟鞋。上衣也不能选衬衫，而应该选择柔滑布料制成的衣服。

眼镜：Salt
墨镜：ZARA
上衣：人造丝衬衫（优衣库）
下装：直筒牛仔裤（优衣库）
手链：CHAN LUU
手表：卡地亚
包包：芙拉
鞋子：ZARA

4
分

一半休闲一半优雅的搭配

5分　5分　4分　4分　4分　5分　2分

即使是妈妈也可以尝试这种搭配风格

这条七分裤属于优雅风，而且是松紧裤腰，方便行动。搭配运动鞋简直完美，即使平时穿着也会显得很时尚。再搭配有腰带的风衣，会有种很帅气的美感。

眼镜：JUICY ROCK
项链：jewelry shop M
戒指：卡地亚
手链：ma chere Cosette
手镯：MAISON BOINET
手表：NIXON
外套：腰带式风衣（优衣库）
上衣：人造丝T恤（优衣库）
下装：直筒七分裤（优衣库）
包包：ZARA
鞋子：阿迪达斯

4.7
分

优雅的搭配

5分　5分　4分　5分　4分　5分　4分

简单的设计，搭配小配饰

板型精致的九分裤让腿看起来更修长。包包和鞋子使用同色系，统一了风格。再加上清爽的白色上衣，显现出完美的摩登都市风。

项链和戒指：jewelry shop M
手表：CLUISE
包包：PotioR
鞋子：Boisson Chocolat
外套：柔软针织夹克（优衣库）
上衣：人造丝T恤（优衣库）
下装：九分裤（优衣库）

优雅风和休闲风服装的
分数表

※ 分数越低越偏向休闲风

1 分

有商标或花纹的运动服

运动裤

白色的宽松上衣

普通的 T 恤

运动服

2 分

条纹衫

格子衬衫　　牛仔裤

粗针针织衫　　中针针织衫

运动鞋　　休闲包

3 分

靴子　　平底鞋

篮子式包包　　托特包

粗呢大衣　　A 字短裙

针织外套　　白衬衫

牛仔衬衫　　纯棉衬衫

[休闲风]

4
分

窄裙

阔腿裤　　七分裤

九分裤　　白色裤子　　围巾

彩色高跟鞋　　硬质挎包　　罩衫

绵羊皮包　　帽子　　太阳镜

5
分

柔滑的上衣　　基础色高跟鞋

针织套头衫　　腰带式风衣

链条包　　纯色短款外套

纽扣式长大衣　　优雅风小包

珍珠项链　　基础色方形皮包

[优雅风]

3

Must-buy items

第 3 章

衣橱里的必备
基础单品

基础单品让
搭配变得简单快捷

衣橱里基础款服装的数量，直接决定了你能否轻松自如地搭配。甚至可以说，这些基础单品是搭配的基石。

基础单品让你不被流行左右，没有特征的服装会因为配饰的不同而改变整体造型。当你想追赶潮流时，配合基础款会有种"不用力过度，你就是适合这种潮流"的感觉。

本章将介绍重要的基础单品。拥有这些基础单品，搭配就会变得十分方便快捷。这些基础单品，不管是哪一款，都会在搭配中反复使用，绝不会长眠于衣橱中，即使全部购买也不算浪费。

购买基础单品的要点就是尽可能多地选择适合自己的衣物，如果做到这一点，你将成为搭配高手。

所以，为了找到适合自己的衣服，大家一定要多多试穿。

适合任何年龄段的
白衬衫

白衬衫适合每个人，不管多少岁都可穿着，是不被流行左右的最好服装。任何下装都可与之搭配，根据下装的风格可搭配成优雅风或休闲风。

选择白衬衫时，最需要注意的是"材质"。材质不同，其风格也随之变化。在此推荐三种材质给大家，分别是棉、亚麻和柔滑面料。

纯棉的厚度刚好，可以展现出知性美和清洁感。亚麻衬衫自然的褶皱可以穿出立体感，简简单单就能展现出一种随和感，休闲中带着优美。推荐休闲场合穿着，并将衬衫前摆塞入裤腰。柔滑面料最能展现"女性的柔美"，这种材质还能展现女性精致的一面。

不管哪种材质，都要解开领口的扣子，并将领子向后拉。纯棉和亚麻衬衫还要卷起袖子。

此外，衬衫的后摆放在外面不会显得邋遢，将下摆塞入裤腰的时候，塞入前摆即可。特别是柔滑面料制成的衬衫，将前摆塞入裤腰，会显得特别性感。

上图
项链：SUGAR BEAN JEWELRY
手表：卡地亚
手镯：JUICY ROCK
上衣：纯棉白衬衫（优衣库）
下装：九分牛仔裤（优衣库）

下图
上衣：纯棉白衬衫（优衣库）
下装：超弹牛仔裤（优衣库）
帽子：芙拉
鞋子：匡威

拥有一件白衬衫，更方便搭配

当你发愁用什么来搭配下半身的服装时，只需要一件白衬衫就可以了。此外，如照片所示，白衬衫加牛仔裤就完成了搭配。将照片中的运动鞋换成高跟鞋也可以。

浅蓝色牛仔衬衫
最易搭配其他服装

牛仔长袖衬衫（以上皆来自优衣库）

牛仔衬衫是存在感很强的服装，只要穿上就有一种"帅气"的感觉。首先，牛仔衬衫要选择浅蓝色、面料柔软、穿在身上稍宽松的。

牛仔衬衫本来就是偏男性化的服装，所以穿着时一定要将其"女性化"。如果选择刚好的尺寸，就会显得个性偏硬。为了让牛仔衬衫显得更女性化，推荐大家选择下摆长一些的。刚好的宽松感，会中和牛仔衬衫本身的男性气质。

最好选择收腰的款式，才会显出女性的柔美。

选择 T 恤，
尺寸和板型很重要

从左边开始依次为蝙蝠袖 T 恤、速干 V 领 T 恤、带有大口袋的 T 恤、圆领 T 恤、带有大口袋的 T 恤（以上皆来自优衣库）

选择 T 恤时，无论年龄，都要选择"女性化"的 T 恤。比如，领子轮廓大一些的、柔滑面料的。推荐黑白两种颜色，白色给人清爽的印象，黑色给人帅气的印象。其次，推荐藏青色和灰色，藏青色可以展现品味，灰色则显得休闲。

因为简洁，所以 T 恤可以将一个人的身材最直白地表现出来。因此，在选择 T 恤时要更加用心，找到适合自己的"尺寸"和"板型"，才能提高搭配水平。

寻找 T 恤时，宗旨就是"穿上后显瘦"。找到适合自己的 T 恤不是一件容易的事，如果你找到了一款非常适合自己的 T 恤，不妨多买几个颜色。

罩衫和牛仔裤，
简单搭配也很好看

你们听说过罩衫吗？特意跟T恤分开介绍，是因为它简直是万能的服装。

因为没有领子，罩衫本应归类为休闲风，但因材质是柔滑的人造丝，所以让穿着者看起来很有女性魅力，可以说是集优雅和休闲于一体。将它和牛仔裤简单地搭配在一起，就可以自然地呈现出优雅和休闲并存的风格。

优衣库有好几款罩衫，一眼看过去好像都一样，但实际上，领口的形状和大小不同，衣长不同，肩部的设计也不同。罩衫采用讲究的车工走线，一拿到手就能感觉到它们的美。

人造丝罩衫（优衣库）

Dressing point

搭配建议

牛仔衬衫和裙子搭配也很好看

牛仔衬衫搭配裙子，会显得很可爱。衣服的下摆不管是完全塞入还是放出来都可以，但是袖子要卷上去，看起来会很清爽。

穿白衬衫时，要结合有女性魅力的细节

白衬衫原本是男性化的服装，所以在穿着时，首先要解开领口的扣子露出锁骨，然后佩戴华丽的项链和有存在感的耳环。

上衣：牛仔长袖衬衫
（优衣库）
下装：针织罗纹中裙
（优衣库）
鞋子：匡威

耳环：SUGAR BEAN
JEWELRY
手表：卡地亚
项链：JUICY ROCK
上衣：纯棉白衬衫
（优衣库）
下装：九分牛仔裤
（优衣库）

上衣：优质亚麻罩衫
（优衣库）
下装：九分裤
（优衣库）

上衣：带大口袋的T恤
（优衣库）
下装：九分牛仔裤
（优衣库）

简单的罩衫就可以显得很漂亮

这款罩衫，我从S号到L号都买了，裙子是S号，紧身裤是L号。因为"尺码不同，衣服呈现的风格也不同"。所以当我遇到喜欢的设计时，一般会将所有尺码买下。

T恤不规则地塞入腰际

将T恤不规则地塞入腰际，可以让普通的T恤变得很好看。尽管是半袖，但是不要忘记折叠袖口，这样显得更女性化。

条纹上衣要选择
能露出锁骨的款式

条纹上衣要是穿错了，就只有休闲感。但只要掌握了方法，就可以搭配出帅气或甜美的风格，拓宽穿着范围。只要抓住重点，就可以展现你的美丽。

选择条纹服装时，我推荐一字领条纹衫。条纹的重点是横线，如果你选择的是V领，就浪费了美丽的条纹。一字领条纹服装，即使是休闲款，也可以让人感受到女性的魅力。

尺码也是关键。推荐大家选择适合自己的尺寸。条纹强调身体的横向线条，如果选择大尺寸，穿上后就会看起来鼓鼓的。条纹服装大多使用质地较硬的面料，这点要特别注意。如果你购买的是柔软面料的，比如针织条纹衫，选择大一号的也没有关系。

此外，优先推荐细条纹，穿起来会显得比较成熟和女性化。对于很喜欢条纹而且有很多条纹服装的人来说，选择粗条纹也没有问题。粗条纹上衣搭配牛仔裤，虽然简单，但也很有冲击力。

最右是高档亚麻条纹毛衣，其余均是一字领条纹T恤（以上皆来自优衣库）

红条纹T恤令你秒变法国少女

一说起条纹，大家首先想到的肯定是黑色或是深蓝色，其实我有一件红色条纹T恤，而且是搭配爱用品。此外，如下左图那样的宽条纹服装，也会给人很强的视觉冲击力，让穿着者给人留下很深的印象。但这种款式稍微有些显眼，所以在搭配时，全身的颜色数量要尽量少一些。

左图
耳饰：jewelry shop M
手表：劳力士
戒指：卡地亚
粄包：BEAUTY & YOUTH UNITED ARROWS
上衣：一字领条纹T恤（优衣库）
下装：紧身牛仔裤（优衣库）
鞋子：Boisson Chocolat

右图
上衣：一字领条纹T恤（优衣库）
下装：针织罗纹中裙（优衣库）
手表：卡西欧
手链：JUICY ROCK
鞋子：新百伦
粄包：L.L.Bean

薄打底针织衫
是必备品

三件都是棉和羊绒混纺的V领针织衫（以上皆来自优衣库）

薄打底针织衫，是一种只要穿上身就很有品味的单品。特别推荐基础色的款式，穿上后很显成熟、靓丽。

薄打底针织衫的优点是可以将身材很好地显现出来。厚针织衫则没有这个优点。

但薄打底针织衫在穿着时要特别注意，一不小心就容易显得邋遢。最好选择适合的尺寸，如果选择大一些的尺寸，衣服的前摆一定要塞入腰际，这样才能穿出立体感，不呆板。

此外，一定不要在针织衫里面穿衬衫，这样显得非常学生气，建议直接贴身穿着。在寒冷的季节，可以在针织衫里面穿一件保暖内衣。

薄款开衫
让搭配变得简单

左: 防晒圆领开衫   中: 特质精细美利奴圆领开衫   右: 防晒 V 领开衫 (以上皆来自优衣库)

薄款开衫让搭配变得简单。我发现自己经常穿着的开衫竟然都是红、黄、蓝这样的原色, 一般不会买的大红色、黄色、绿色都买齐了。

我们在选择上衣时, 经常为颜色而纠结, 但由于开衫不会占据很大面积, 因此可以选择色差大一些的。开衫的用途也很广泛, 可以搭在肩膀上、系在腰间、披在肩上或是拿在手里等。而且, 如果上衣是白色, 不管什么颜色的开衫都可以搭配。

开衫要选对长短, 长款开衫适合上半身丰满一些的人, 短款开衫适合上半身纤瘦的人。圆领和 V 领都可以: 圆领适合正式一些的场合, 更女性化一些; V领则显得比较帅气, 偏休闲一些。

风衣里建议
搭配休闲类服装

还有一款可以让你变美的外套就是风衣。

风衣属于优雅风服装，但是里面最好搭配条纹或卫衣类服装。虽然这些内搭是休闲风，却可以让穿着者显得成熟。

此外，风衣最重要的就是"穿法"。因为风格是优雅风，所以穿着时要以不显得僵硬为要点。因此，一定不要忘记细节。比如随意挽起袖子，让人看到手腕；不要系上腰带，而是将腰带放在口袋中，这样显得成熟。颜色推荐米色，很容易穿出春、秋的季节感，而且可以搭配任何颜色。

对于上半身比较丰满的人，我推荐基础款风衣。基础款风衣很有分量感，穿上后显得沉稳。下摆到膝盖、布料硬且厚、款式简单的风衣就可以。

上半身纤瘦的人则推荐轻且软的风衣，布料自然下垂，下摆到膝盖以上一点点，稍有一些褶皱比较合适。

身材骨感、侧面看起来单薄的人，则适合衣摆过膝、休闲感强一些的风衣。

其他身材类型的人也可以根据这三个特点选择风衣的款式。

上图
风衣：优衣库

下图
风衣：优衣库
上衣：一字领T恤（优衣库）
下装：超弹牛仔裤（优衣库）
耳环：JUICY ROCK

不要用衬衫搭配风衣

风衣里面最好不要搭配
有领子的衣服。如果用
衬衫搭配风衣，衬衫的
领子和风衣的领子就会
重复，显得繁乱。

Dressing point

搭配建议

穿着薄款针织衫，要将领子向后拉

向后拉可以扩宽领子，露出锁骨，展现女性的柔美。

条纹服装必须卷起袖子

条纹服装必须卷起袖子，不仅显瘦，露出部分手腕更加显得清爽。

耳环和项链：R-days
手表：Pierre Lannier
手镯：PHILIPPE AUDIBERT
上衣：棉和羊绒混纺的 V领毛衣（优衣库）
下装：九分裤（优衣库）

上衣：一字领条纹T恤（优衣库）
下装：超弹牛仔裤（优衣库）
手表：NIXON
手镯：JUICY ROCK

风衣：优衣库
上衣：一字领T恤（优衣库）
下装：超弹牛仔裤（优衣库）
耳环：JUICY ROCK

针织衫：防晒V领开衫（优衣库）
上衣：一字领T恤（优衣库）
下装：超弹牛仔裤（优衣库）
耳环：R-days
手镯：CHAN LUU

腰带不要系起来，直接放在口袋里

不管是什么大衣都不要系腰带，直接将腰带放在口袋里。系上腰带后反倒有点儿奇怪，合适的大衣也变得不合适了。

薄开衫要选择颜色对比明显的

薄开衫随意搭在肩上，就可以作为一种装饰。"改变形象"的饰品不管是首饰还是包包都比较贵，只有薄开衫比较便宜，所以建议大家多购买几件。

牛仔裤最能展现好身材

牛仔裤既有优雅的一面，又有休闲的一面，所以根据搭配可以决定其偏向哪种风格。牛仔裤在搭配的时候几乎没有什么限制，不管你希望穿出优雅风还是休闲风，都可以使用它。这样方便的基础单品，拥有得越多，越方便搭配。

但是，我不推荐的款式是"男友版牛仔裤"。当然，不仅仅是男友版牛仔裤，但凡裤腿很粗的牛仔裤，只要没有模特的大长腿加高跟鞋，是穿不出曲线美的。推荐大家的是"女友牛仔裤"，稍微有些宽松，穿上后却显得纤细。

女友牛仔裤的搭配诀窍是，上身要穿紧身服装，比如下摆比较短的T恤、紧身针织衫等。

此外，还推荐紧身牛仔裤，虽然是休闲风，却是搭配出成熟"Y曲线"不可或缺的下装。

紧身牛仔裤搭配稍微宽松一些的衬衫或是针织衫，会变得很好看。

牛仔裤是偏男性化的设计，所以大家要尽量购买女友牛仔裤或是紧身牛仔裤这些偏女性化的款式。

不管是哪种设计，只要适合自己就是最佳设计。牛仔裤不仅能让你看起来比较高，还能让你看起来比较纤细，很好地展示身材。按照我之前告诉大家如何寻找合适尺寸的方法，多试穿，然后多检查。不要忘记检查臀部的形状。千万不要用腰部作为检查标准。穿上后，臀部曲线过于宽松或是塌下来都会影响曲线美，所以要仔细确认臀部是否合适，大腿是否合适。此外要注意，检查小腿肚是否凸出来。

选择锥形裤时，
观察腰部是否有褶皱

锥形九分裤（优衣库）

锥形裤就是大腿周围比较宽松，脚踝处比较纤细的裤子。锥形裤穿上后会显腿长。

这个设计的关键就是腰部是否有"褶皱"。

请观察自己，如果上半身比较丰满，推荐穿着没有褶皱的锥形裤。褶皱会制造"圆滚滚"的视觉感。丰满的人会将褶皱撑开，令腰部看上去更圆更鼓。相反，如果是下半身比较丰满的人，可以选择有褶皱的锥形裤。褶皱可以隐藏臀部，强调腰部的曲线。

锥形裤从外观来看应该属于优雅风，但腰部有松紧带，而且大腿部宽松，便于行动，所以不管是上班族还是带孩子的妈妈都可以穿。另外，要注意的是，如果将衣服的下摆完全塞入腰际，会有点儿像体操运动员，所以只塞入前摆就可以。

七分裤适用于
任何风格

七分直筒裤（优衣库）

七分裤是裤长七分左右的裤子，比九分裤稍微短一些。

这种裤子的优点就是裤腿短，所以搭配运动鞋也很合适。虽说裤子搭配高跟鞋很好看，但在休闲场合，运动鞋更能衬托你的活力。

七分裤不管是休闲风还是优雅风都可以使用，是一款万能设计，它可以根据其他搭配物决定风格。

在此特别推荐中间有条熨线的七分裤，正是这根线，让双腿看起来直且长。不管是去学校还是上班都可以穿着，可以说是"一条在手，天下我走"。但是因为其裤腿较短，建议大家不要在冬季穿着。要选择合适的尺寸，不要太过宽松，否则走路时有点儿奇怪。

裙子要挑选
适合自己的板型

穿上就能散发女性魅力的设计就是裙子了，但是大家在挑选时一定要选择适合自己的板型。穿对会显得很有女人味儿、很性感，穿错可就出丑了。

选择方法十分简单：上半身丰满的人选择紧身裙，下半身丰满的人选择荷叶裙，身材骨感、侧面看上去比较单薄的人选择长裙。但是，不是只有一种选择，请大家多多试穿。

当然，这里只是简单举例，无法断言某种款型的裙子适不适合你，比如改变宽松度，也许就可以将不适合变成适合。遇到适合的请直接选择，遇到不适合的将它变得适合，穿上之后又是另一种风格。

特别在春、夏季，大家可以挑战一下颜色艳丽的裙子。

因为下半身离面部比较远，所以裙子的颜色可以有多种选择。鲜艳的颜色还是很有美感的。

长裙可以搭配卫衣

长裙很适合搭配卫衣。因为长裙的重心在下面，所以脖子周围可以搭配一些有分量感的单品，当然也可以搭配披肩。

上图
左：百褶裙
中：中裙
右：铅笔裙
（以上皆来自优衣库）

下图
上衣：运动卫衣（优衣库）
下装：百褶裙（优衣库）
包包：KANKEN
鞋子：耐克

Dressing point

搭配建议

不要将衣服的下摆完全塞入腰际

当九分裤的腰部有松紧带的时候,不要将上衣的下摆全部塞入,只塞入前摆就好。如果是针织衫,可以不塞入。

牛仔裤搭配运动鞋时,裤脚要卷起来

卷起裤脚看起来比较休闲,所以搭配运动鞋的时候,牛仔裤的裤脚要卷起来。搭配高跟鞋的时候,裤腿则可以放得长一些。

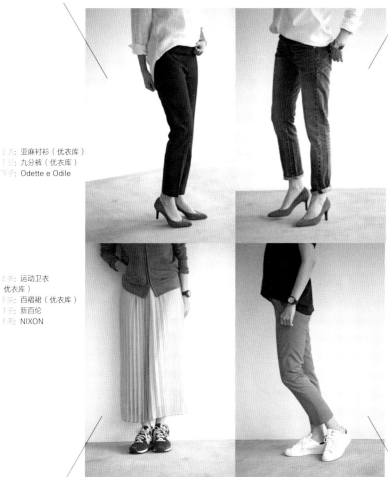

上衣: 亚麻衬衫(优衣库)
下装: 九分裤(优衣库)
鞋子: Odette e Odile

上衣: 棉衬衫(优衣库)
下装: 九分牛仔裤
(优衣库)
鞋子: Odette e Odile
手表: 卡地亚

上衣: 运动卫衣
(优衣库)
下装: 百褶裙(优衣库)
鞋子: 新百伦
手表: NIXON

上衣: 大口袋T恤
(优衣库)
下装: 直筒七分裤
(优衣库)
鞋子: 阿迪达斯
手表: NIXON

长裙搭配运动鞋

选择长裙,再搭配高跟鞋或是露脚趾的鞋子,就显得有些用力过度了,所以推荐搭配运动鞋,休闲中带着可爱。

想穿运动鞋,又想穿出优雅风的时候

九分裤搭配运动鞋,简直是休闲风混合优雅风的最佳代表。当然,九分裤和高跟鞋也是好搭档。九分裤和所有单品都很搭,是隐藏在优衣库中的名品。

可用于任何搭配的
"通用设计"

"通用设计"就是当你感觉"今天的搭配有点儿呆板"时，将其加入搭配中，立马就变得完全不一样的设计。当你的搭配过于优雅，或者显得太过用力的时候，可以加入"通用设计"；当你的搭配过于统一，显得没什么看头的时候，也可以加入"通用设计"。

"通用设计"有一个规则，那就是"不管是成人、孩子、男性、女性都可以使用"。"通用设计"不管和什么衣服搭配都没有违和感。"通用设计"并不奇异，也不会给人留下"个性派"的印象。

如果你将华丽的红色选定为"通用设计"，你就错了。因为红色很难和其他颜色搭配，当其他设计不是简洁款时，红色就无法作为"通用设计"了，反倒成了主角。这里举一个例子，匡威的白色帆布鞋，不管是成人、儿童、男性还是女性都可以穿着，可以说是休闲风的通用单品，而且绝对不会被人贴上"个性派"的标签。"通用设计"也不能是偏女性化的装饰物或是粉色的设计，这很容易让人联想到女性。

"通用设计"就是不会让人联想到任何人，但又属于任何人的设计。

我推荐的"通用设计"有简洁款休闲背包、匡威白色帆布鞋、针织帽等。

背包一定不能选择孩子气的，否则有故作年轻的感觉，最好选择没有什么设计的。当你选择"通用设计"时，可以想想"这个单品是不是谁都可以搭配，简洁又不另类"，如果"是"，就可以购买了。

匡威运动鞋，适用于任何人

建议买大一号的，可放入内置增高鞋垫，穿上后可以显得腿长。颜色有本白和白色两种，请选择白色，看上去更干净。购买后多喷一些防水喷雾，可以防脏。

鞋子: 匡威

大人和孩子都可以使用的背包

这款背包设计简洁，只在口袋处有花纹。不要选择野外露营常见的那种迷彩包，选择单色、设计简洁的款式为好。绝对不能选择带钥匙圈的或是带徽章的款式。

背包: KANKEN

经常使用的针织帽

有纹路的针织帽比较可爱，如果什么设计都没有，就有点儿偏男性化了。可以多购买一些进行替换，但是要注意是否起球。颜色选择基础色就可以。

针织帽: GU

Little items make your image

第 4 章

迅速提升搭配
格调的细节

运动鞋要选择皮质
或白色的成人款

运动鞋会令搭配风格发生180度大转变。运动鞋虽然是休闲风，却是一种很有存在感的物品。如果随意穿它，看起来就只是普通的运动鞋。运动鞋因为穿着方便、便于行动，所以我们不可能离开它。特别是有小孩的妈妈们，大多数时候只能穿着运动鞋。所以，掌握穿运动鞋的技巧，就能提高搭配能力。

说起运动鞋，款式各种各样，但是我们应该选择容易搭配的"成人款"运动鞋。所谓的"成人款"，首先材质应该是皮质，颜色应该是白色。虽然黑色鞋子和黑色下装搭配可以显腿长，但是大家首先应该拥有的基础款，应该是偏女性化的白色运动鞋。

首先推荐阿迪达斯的斯坦·史密斯。这款运动鞋很百搭，而且不论什么年龄，即使是五六十岁的人穿起来都很帅气。匡威和新百伦的运动鞋在下页也有相关介绍。

低帮运动鞋比较方便搭配。虽然高帮鞋也是经常使用的设计，但是低帮鞋能更好地控制搭配的平衡。不管在什么搭配中，低帮鞋都不会显得突兀。

鞋底和鞋带部分请选择白色，这样可以提亮脚部，显得步履轻盈。此外，一定要放增高鞋垫，两三厘米的高度就可以完全改变腿部的形态。一些有特殊设计的运动鞋，可能会因为这两三厘米，就决定你的搭配风格是少年风还是成熟风。

穿裙子时，适合搭配新百伦

新百伦的鞋子大多可以增加脚部的分量，所以最适合搭配裙子，而且和裙子具有的女人味儿很搭。新百伦最适合搭配长度到膝盖以下的裙子。如果穿裙子时搭配平底鞋，会有种中学生的感觉。注意，新百伦的鞋子不适合搭配裤子，只适合裙子。

阿迪达斯的斯坦·史密斯适合休闲风

以休闲风为主的人，比较适合阿迪达斯的这款运动鞋，因为这款鞋子有成人的感觉。如果休闲风服装又选择了匡威，就会过于休闲，很多情况下并不适合。

匡威适合优雅风

运动鞋中一定要具备的款式就是匡威的低帮鞋。鞋子本身没有存在感，所以很适合搭配优雅风。

阿迪达斯

匡威

利落的衣服就要搭配利落的鞋子

紧身牛仔裤最适合搭配低帮的匡威，可以让腿部看起来纤细，而且对优雅风的衣服丝毫不会产生影响。

披肩：macocca
包包：Anya Hindmarch
上衣：棉和羊绒混纺的V领毛衣（优衣库）
下装：超弹直筒牛仔裤（优衣库）
手表：劳力士
手链：Less Bliss
戒指：卡地亚
鞋子：匡威

休闲装搭配斯坦·史密斯

当穿着女友款牛仔裤或是类似的宽松牛仔裤时，最适合穿低帮鞋，可以突出脚踝的纤细。这个时候选择皮质的斯坦·史密斯，可以展现成熟女性的美。

耳环：R-days
项链和手镯：PHILIPPE AUDIBERT
上衣：编织领毛衣（优衣库）
包包：BEAUTY & YOUTH UNITED ARROWS
披肩：Johnstons
鞋子：阿迪达斯

阿迪达斯

耐克

宽松的裤子要搭配有存在感的鞋子

照片中模特儿穿的是阿迪达斯的Superstar。这款鞋和斯坦·史密斯类似，鞋头圆且厚，很有存在感。宽松的裤子本来就是很有成人风的款式，搭配高跟鞋或是很单薄的鞋子，会显得用力过度，所以要搭配一双分量不输给裤子的鞋子。

项链和手镯：JUICY ROCK
披肩：macocca
上衣：棉和羊绒混纺的V领毛衣（优衣库）
下装：宽松版裤子（优衣库）
戒指：卡地亚
手表：卡西欧
包包：L.L.Bean
鞋子：阿迪达斯

长裙最适合圆头的、看上去比较有分量的鞋子

照片中是耐克的阿甘鞋。虽然长裙搭配高跟鞋可以展现女性魅力，但是穿着圆头的、看上去比较有分量的运动鞋，也别有一番风味。

项链和手镯：JUICY ROCK
上衣：运动卫衣（优衣库）
下装：雪纺百褶裙（优衣库）
手表：优衣库
包：KANKEN
鞋子：耐克

新百伦

匡威

大摆裙最适合搭配新百伦

要想让大摆裙保持可爱的风格，还增加它的休闲性，就要搭配新百伦。大摆裙要选择材质厚实、有些廓形的。当然，搭配前面介绍过的耐克阿甘鞋也可以，但是要论平衡感，还是新百伦更好。

耳环: jewelry shop M
项链: BEAUTY & YOUTH UNITED ARROWS
手镯: JUICY ROCK
上衣: 条纹一字领T恤（优衣库）
下装: 大摆裙（优衣库）
手表: 卡西欧
鞋子: 新百伦

紧身裙最适合高帮鞋

穿紧身裙的时候，只能选择高帮鞋。因为紧身裙是贴身的裙子，所以鞋子也要在脚踝处收紧，上下呼应。这时搭配低帮鞋反倒会让腿部看起来有些短，高帮鞋才会显腿长。

针织帽: GU
包包: Anya Hindmarch
手镯: PHILIPPE AUDIBERT
上衣: MA-1夹克（优衣库）、
棉和羊绒混纺的V领毛衣（优衣库）
下装: 美利奴针织紧身裙（优衣库）
鞋子: 匡威

根据眼睛判断适合自己的
搭配是颜色反差大的还是同色系的

这个世界上有人适合颜色反差大的搭配，有人适合同色系的搭配。例如同样是蓝色，有些人适合蓝色搭配白色，这种反差极大的搭配；另一些人则适合蓝色搭配深蓝色这种颜色相近的搭配。知道自己适合哪一种，搭配起来会更加方便。

寻找答案的方法就是"以眼睛为标准"。

如果眼睛黑白分明就适合颜色反差大的搭配，例如樱井翔和松本润。（日本偶像团体Arashi的成员。——编者注）

如果眼球和眼白分界柔和，就适合同色系的搭配，例如大野智和二宫和也。（Arashi的成员）

如果你对自己的眼睛不能准确判断，那就看看其他人的眼睛来做一个对比吧。

高跟鞋可以迅速
展现女人味儿

蓝色鞋子: GALLARDA GALANTE   其他: Odette e Odile

高跟鞋跟裙子一样，是极其女性化的设计，特别是跟裤子搭配时，可以迅速完成有女人味儿的搭配。

高跟鞋也有缺点，就是不方便行走，一些带小朋友的妈妈没法穿着。但多买几双价格便宜的，对搭配来说很方便。

如上图所示，最推荐的是麂皮材质的高跟鞋。麂皮材质的高跟鞋穿起来显高，搭配休闲服装时也不显得突兀。

记住，不要选择鞋头过圆或是过于女人味儿的高跟鞋，那样有点儿用力过度，鞋头尖一些比较好。颜色推荐基础色和明艳的颜色。

喇叭裤搭配高跟鞋最显腿长

这套搭配非常显腿长。喇叭裤因为裤脚宽大，可以令腿部线条一直延伸到高跟鞋的鞋尖。

耳环和项链：jewelry shop M
戒指：卡地亚
手镯：ma chere Cosette、
JUICY ROCK
上衣：长袖牛仔衬衫（优衣库）
内搭：罗纹背心（优衣库）
下装：喇叭裤（优衣库）
披肩：Johnstons
包包：无品牌
鞋子：GALLARDA GALANTE

普通搭配选择灰色高跟鞋

普通搭配选择灰色高跟鞋，立马就可以出门了。灰色高跟鞋看上去柔和又酷酷的，可以将女性美完美地呈现出来。如果不选择灰色，选择和服装颜色反差大的高跟鞋也会很好看。

耳环：JUICY ROCK
手镯：ModeRobe
戒指：卡地亚
手表：劳力士
上衣：条纹一字领T恤（优衣库）
下装：九分牛仔裤（优衣库）
包包：ZARA
鞋子：SEVEN TWELVE THIRTY

黑色高跟鞋搭配黑色包包，
展现好品味

用黑色高跟鞋搭配同色包包，可以立马展现好品味和沉稳的气质。如果服装选择颜色对比强烈的，就会显得"美丽而有品味"。

项链：SUGAR BEAN JEWELRY
耳环：JUICY ROCK
戒指：卡地亚
手链：ByBoe
手表：卡地亚
针织衫：防晒圆领开衫（优衣库）
上衣：人造丝罩衫（优衣库）
下装：直筒超弹牛仔裤（优衣库）
包包：ZARA
鞋子：Odette e Odile

舒适又好搭配的
平底鞋

左: BEAMS　中: MINNETONKA　右前: Boisson Chocolat　右后: ZARA

运动鞋太粗犷不好搭配，上班时又不能穿过于休闲的鞋子，高跟鞋太累，相比之下平底鞋是最佳选择。不但好走路，而且偏休闲，很容易搭配出成熟的休闲风。

平底鞋也有很多优雅的设计，请大家结合自己的需求选择。例如尖头平底鞋，很女性化，属于优雅风。露出脚背的款式，看上去更加靓丽，穿上后会显得很成熟。

上图中间的豆豆鞋，虽然不显得女性化，却能打造出优雅风。麂皮鞋虽然偏休闲风，但因为鞋头是圆形的，很方便走路，而且能看到脚背，所以显得不那么呆板，反倒显得成熟。

红色的对比色是黑色、灰色等基础色

这套造型用T恤搭配牛仔裤，整体偏男性化，这时搭配红色平底尖头鞋比红色高跟鞋更加合适。整套搭配看起来很特别，甚至会被别人称赞"好可爱的红鞋子啊"。

帽子：reca
包：lujo
手环：JUICY ROCK
项链：BEAUTY & YOUTH
UNITED ARROWS
手表：ma chere Cosette
手表：卡西欧
上衣：蝙蝠衫（优衣库）
内搭：罗纹背心（优衣库）
下装：男友款九分裤（优衣库）
鞋子：Boisson Chocolat

要想看起来干练，推荐乐福鞋

上班或是参加正式场合的时候，要想自己显得比较干练，最推荐的就是乐福鞋。乐福鞋既能让你看起来很干练，又不会显得过分用力。

耳钉和手表：JUICY ROCK
项链：BEAUTY & YOUTH
UNITED ARROWS
手环：卡地亚
手表：ZARA
外套：切斯特大衣（优衣库）
上衣：防晒宽松版无袖针织衫
（优衣库）
下装：七分直腿裤（优衣库）
背包和鞋子：ZARA

麂皮鞋或豆豆鞋最适合搭配白色针织衫

麂皮鞋比较硬，所以最适合搭配柔软的针织衫，推荐白色麂皮鞋。因为材质比较重，选择白色就会显得比较轻盈和女性化。麂皮鞋可以让脚看起来小巧，所以适合搭配修身的裤子。

耳环和手表：JUICY ROCK
围巾：Johnstons
上衣：羊绒高领毛衣（优衣库）
下装：超弹牛仔裤（优衣库）
包包：L.L.Bean
鞋子：MINNETONKA
手表：NIXON

让靴子成为
造型的亮点

左: KBF　中: FABIO RUSCONI　右: UGG

在整体搭配中，靴子比其他鞋子占的面积大，所以更有存在感。在穿靴子的时候，从靴子开始考虑，其他搭配比较不容易失败。

踝靴属于优雅风，要想让自己沐浴在他人羡慕的目光中，可以选择它。因为鞋帮短，可以让脚踝看起来更加纤细，显出女性美。此外，因为没有什么分量，所以搭配起来比较容易。当穿着有分量的鞋子时，重心在下半身，对于不高的人来说，估计不会好看。

长靴具有改善腿形的效果，可以让膝盖以下看起来比较直，推荐在想展现柔美的一面时搭配。上衣是针织衫，下装是裙子，这时候再搭配长靴，就显得比较可爱了。

雪地靴在打造"I曲线"时可以穿着。"I曲线"是打造优雅风的曲线，使用休闲风的雪地靴可以中和一下整体，造型看起来就不会那么用力了。

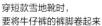

穿短款雪地靴时，
要将牛仔裤的裤脚卷起来

卷起裤脚，令裤脚和鞋帮距离1厘米左右，这时看起来最时尚。一点点细节，就可以改变着装的整体印象。

墨镜：R-days
上衣：ZARA
手表：卡地亚
上衣：棉和羊绒混纺的V领毛衣（优衣库）
下装：超弹牛仔裤（优衣库）
包包：优衣库
鞋子：Anya Hindmarch
靴子：UGG

长靴要搭配长款外套

如果长靴搭配短外套，就会让靴子特别明显，有点儿舞台剧的风格。推荐在长款外套中搭配长袖牛仔上衣（或是小罩衫），露出内搭。

项链和手镯：jewelry shop M
耳环：卡地亚
手表：MAISON BOINET
外套：风衣（优衣库）
上衣：牛仔夹克（优衣库）
内搭：蝙蝠衫
下装：半裙（优衣库）
斗篷：卡西欧
耳钉：芙拉
鞋子：FABIO RUSCONI

踝靴不要搭配女性化的服装

踝靴不要穿出"可爱"，穿出"酷"才时尚。踝靴和破破的牛仔裤、针织衫搭配，才能酷中混合可爱。

珍珠款手链：JUICY ROCK
手镯：PHILIPPE AUDIBERT
眼镜：JINS
项链和耳环：卡地亚
外套：飞行员夹克（优衣库）
上衣：棉和羊绒混纺的V领毛衣（优衣库）
下装：半裙（优衣库）
打底裤袜：CK
耳钉：ZARA
靴子：KBF

牛仔裤
可以同款不同色

关于牛仔裤，我最想告诉大家的就是：可以选择同款不同色。一定要找到适合自己的款型，穿上后会显得腿长腰细。另外，即使是不合适的牛仔裤，如果搭配好上衣，也可能变得合适。但是，寻找适合的服装需要花费相当长的时间。

如何选择牛仔裤的尺寸，这个答案与我之前告诉大家如何挑选下装的方法是一样的，就是对着镜子检查自己的身材，不要在意腰部，而是要看臀部的形状。如果穿上后显得臀部松松垮垮或是把臀部勒出痕迹，都是绝对不可以的。

穿着同款不同色的牛仔裤，不会让人觉得你总是穿同一条裤子。颜色比款型更容易被记住，所以只要颜色不同，风格就完全不同。

只要板型合适，平时不适合你的颜色也会变得适合起来，牛仔裤的重点就是"板型"。

长款适合打造优雅风，短款适合打造休闲风。要想穿出成熟风，裤长到脚踝的位置就可以；要想穿出休闲风，裤长就到脚踝上方一指半的位置。

牛仔裤的裤长
是重要细节

牛仔裤会因为裤长而变得适合或是不适合。之前就说过，小细节决定大体的搭配印象。这里再次告诉大家，只要腿部看起来清爽，整体风格就会显得成熟。

大家要注意，裤脚绝对不能拖沓，裤脚要在脚踝处或以上。太长会显得步履沉重，偏男性化。

对于"腿太短，怎么穿都不好看"的人来说，推荐裤脚在脚踝以上的牛仔裤，这样可以让腿显得长且细。

此外，卷裤脚的时候，尽可能卷得细一些。

Denim

推荐拥有的牛仔裤颜色

①　　　②　　　③　　　④

① 黑色显瘦效果最好，不管什么上装都可以搭配，可以说是万能色。

② 靛蓝色是应该最早购买的颜色。休闲风就不必说了，还可以让优雅风看起来没那么突兀。

③ 靛蓝色之后最常使用的是蓝色，显腿长。裤腿正中的磨白时尚又成熟。

④ 如果选择男友款牛仔裤，只能选这个颜色、这个裤长。这个板型其他颜色或是裤长，都会显得过于男性化。

① 紧身锥形牛仔裤
② 超弹牛仔裤
③ 紧身锥形牛仔裤
④ 九分男友裤
⑤ 超弹牛仔裤
⑥ 超弹牛仔裤
⑦ 超弹牛仔裤
以上皆来自优衣库

⑤ 淡蓝色有夏天的季节感，适合同色系搭配的人穿起来会很时尚。在夏天或是夏天即将来临时，十分可爱。

⑥ 灰色有成熟感，不管是搭配浅色还是深色都很好看，是一种适合成熟女性的颜色。

⑦ 白色牛仔裤不挑上衣，穿上后会有种温文尔雅的感觉。

通过调整尺寸来
改变搭配风格

之前的章节已经告诉了大家如何挑选尺寸，而且分出了三种尺寸——"最合适的尺寸""稍大的尺寸""宽松的尺寸"。这节将告诉大家如何使用这三种尺寸搭配出不同的风格。另外要强调的一点是，宽松的尺寸并不是超大尺寸，只是比"最合适的尺寸"宽松一些。

尺寸变了，衣服给人的感觉就变了。"最合适的尺寸"给人干练的感觉，"稍大的尺寸"是休闲风，"宽松的尺寸"根据服装的材质，可以穿出优雅风或是休闲风。

例如，外国模特儿常穿着宽松尺寸的罩衫搭配修身裤子，这样一来就穿出了优雅与休闲共存的感觉。

"最合适的尺寸加最合适的尺寸"穿出的是办公室风。在搭配时记住这些，可以拓宽你的搭配范围。总是搭配出同样的风格，很大原因是选择了相同的尺寸。

在你买衣服时，就要对衣服的尺寸进行判断，判断它究竟是哪一种尺寸，从而防止购买之后毫无用处。

最合适的尺寸
×
最合适的尺寸
办公室风

宽松的尺寸
×
宽松的尺寸
优雅风

宽松的尺寸
×
稍大的尺寸
休闲风

最合适的尺寸加上有领子的衣服，可以搭配出时尚的办公室风

上下身都穿"最合适的尺寸"会显得很干练，加上没有任何装饰的衣领，就穿出了办公室风。

上衣：西装外套（优衣库）
内搭：人造丝罩衫（优衣库）
下装：九分裤（优衣库）
手表：劳力士
搭配：PotioR
鞋子：Odette e Odile

如果你想显瘦，就选择宽松尺寸

合适的尺寸穿出办公室风，而不显身体线条的宽松尺寸则穿出优雅风。不仅便于行动，还展示了材质的优良性，此外还显瘦。

耳钉：jewelry shop M
手链：JUICY ROCK
上衣：蝙蝠衫T恤（优衣库）
下装：直筒裙（优衣库）
手表：劳力士
包包：ZARA
鞋子：Odette e Odile

上衣选择宽松尺寸，就能打造休闲感

如果只是随意地穿件宽松尺寸的上衣，就会穿出睡衣感。所以请解开领口的三颗扣子，将领子向后拉，将前摆塞入腰部，这样才能显出立体感，露出美好的肌肤，让人感受到女性美。

耳环和手链：JUICY ROCK
项链：SUGAR BEAN JEWELRY
上衣：精纺棉宽松衬衫（优衣库）
下装：修身锥形裤（优衣库）
包包：无品牌
手表：卡西欧
鞋子：ZARA

包包决定了
搭配的大致风格

你有几个包包？如果发现自己拥有的都是同款包包，就要注意了，因为包包决定了搭配的大致风格。

不管什么搭配都适合，可以随意搭配的万能包包是不存在的。

因此，我推荐大家选择低调又不会出错的包包。改变搭配的包包，也可以大幅提升时尚度哟。此外，大家要记住，不同的包包在搭配中承担的角色不同。有一些包包同时适用于优雅风和休闲风。

选择包包的方法很简单。比如每天都要使用的包包，可以选择同时适用于优雅风和休闲风的款式。推荐材质不太坚硬也不太柔软的、白色或是米色这种色系的、圆形的包。还要注意不能过大，如果为了方便装东西而选择过大的包包，时尚度就降低了。

大家经常犯的错误是"高频使用的包包"选择"黑色、皮质、四四方方、过于正统的包包"。黑色皮包虽然看上去高档，但不适合高频使用。

我每天会根据穿着而改变搭配的包包。接下来，我将介绍自己最常用的包包。

包包不同，背法也不同

包包的背法不同，风格也不同。手拿、
肩挎、斜背，请大家在镜子前仔细确认
自己想要的风格。

披肩：Johnstons
包包：BEAUTY & YOUTH UNITED ARROWS
上衣：粗针织毛衣（优衣库）
下装：九分牛仔裤（优衣库）

六种不同款型的时尚包包

服装方面，推荐大家选择"适合的板型、不同的颜色"，
但是包包方面，却推荐大家拥有各种款型，这样搭配起来才方便。
当你要带的东西很多时，一定要拿两个包。

Drawsting bag

[常用的包包可以选择水桶包]

上衣：防晒V领外套（优衣库）
连衣裙：一字领连衣裙（优衣库）
包包：ZARA

水桶包使用方便，也不折损时尚度，所以推荐大家当作日常使用的包包。
虽然晚装包拿着很时尚，但是实用度很低。

水桶包作为日常包包使用还有各种好处：可以放入大量物品，可以同时
适用于优雅风和休闲风，不管是单肩背还是斜挎都很好看。在材质上，
真皮包大多比较重，选择合成皮就可以，材质不要过硬也不要过软。柔
软而圆润，适度的存在感，都是选择的条件。

推荐的颜色是米色和黑色。米色让整体穿搭看起来很舒服，黑色有稳重
的感觉。此外，颜色鲜艳的水桶包虽然不常用到，却可以点亮造型。

Shoulder bag

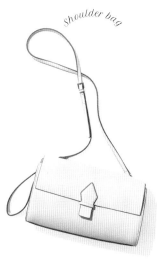

Chain bag

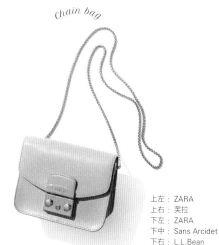

上左：ZARA
上右：芙拉
下左：ZARA
下中：Sans Arcidet
下右：L.L.Bean

[斜挎包]

斜挎包最容易打造休闲感。这款包要注意的是，不要选择质地过于柔软的，否则会过于休闲，选择材质稍硬的比较好。肩带要稍长一些，更有女人味儿。

[链条包]

链条包小巧才可爱。此外，硬材质可以打造出优雅风。

Overnight bag

Basket bag

White tote bag

[波士顿包]

这款包请选择小一些的，太大的有点儿男性化。最好选择带肩带的，根据搭配风格可以选择单肩背或是斜挎。

[篮子包]

这款包很有特色，所以尽可能选择普通形状、没有装饰物的。此外，包包的网眼要密，太粗的有点儿像野餐篮。

[白色托特包]

这款包请选择大的。太小的容易让人觉得"你在带着狗狗散步"。出去玩的时候，请选择这款包，既自然又成熟。

[灰色水桶包]

不管什么服装，
都可以搭配的最佳包包

米色和灰色是调和色，基本上可以搭配任
何服装。这款包包是收口款，线条圆润，
款型百搭。不管是颜色对比强烈的搭配，
还是同色系搭配，这款包都适合，还有统
一造型的效果。不知道如何搭配包包时，
可以选择这款。

耳环和手镯: jewelry shop M
戒指: 卡地亚
手链: ma chere Cosette、
JUICY ROCK
上衣: 长袖牛仔衬衫（优衣库）
内搭: 罗纹背心（优衣库）
下装: 优衣库
披肩: Johnstons
包包: 无品牌
鞋子: GALLARDA GALANTE

[斜挎包]

斜挎包搭配牛仔裤

要选择长背带款，让包包可以
背到臀部。斜挎包适合搭配牛
仔裤。

耳环和手镯: JUICY ROCK
手镯: MAISON BOINET
戒指: 卡地亚
披肩: macocca
上衣: 棉和羊绒混纺的V领
毛衣（优衣库）
下装: 优衣库
包包: ZARA
鞋子: Odette e Odile
手表: 劳力士

[链条包]

约会时可以选择链条包

链条包很显女人味儿，在着装
是休闲风时选择链条包，可以
让搭配的格调上升。选择有光
泽的款式，可以提升优雅度。

耳环和手镯: JUICY ROCK
项链: BEAUTY & YOUTH
UNITED ARROWS
戒指: 卡地亚
手表: 卡西欧
上衣: 带大口袋的T恤
（优衣库）
针织衫: 棉和羊绒混纺的V领
毛衣（优衣库）
下装: 超弹直筒牛仔裤
（优衣库）
包包: 芙拉
鞋子: 阿迪达斯

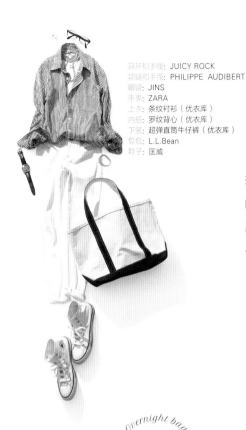

耳环和手链：JUICY ROCK
项链和手镯：PHILIPPE AUDIBERT
眼镜：JINS
手表：ZARA
上衣：条纹衬衫（优衣库）
内搭：罗纹背心（优衣库）
下装：超弹直筒牛仔裤（优衣库）
包包：L.L.Bean
鞋子：匡威

［白色托特包］

白色托特包一定要
和休闲风服装搭配

托特包一定要搭配夹克或是运动鞋这种休闲风单品，而且要搭配两件以上休闲单品。全身搭配都是休闲风，搭配一只属于优雅风的托特包，会显得特别时尚。

［波士顿包］

黑色波士顿包适合搭配冷色系服装

黑色波士顿包既适合甜美又适合酷酷的搭配，建议服装选择冷色系，这样搭配出来才能显出洒脱感。

耳环：STYLE DELI
项链：jewelry shop M
手镯：JUICY ROCK
戒指：卡地亚
针织衫：防晒V领开衫
（优衣库）
上衣：细吊带小背心（优衣库）
下装：九分牛仔裤
（优衣库）
包包：ZARA
鞋子：Odette e Odile

［篮子包］

篮子包要搭配运动鞋

篮子包要选择质地柔软的才方便搭配。如果选择硬质的，就限定了搭配的范围。在穿运动鞋的日子里搭配篮子包，会显得很特别。

耳环：lujo
项链：BEAUTY & YOUTH
UNITED ARROWS
手镯：JUICY ROCK
手链：jewelry shop M
手表：卡地亚
上衣：精纺棉罩衫（优衣库）
内搭：罗纹背心（优衣库）
下装：阔腿裤（优衣库）
包包：Sans Arcidet
鞋子：阿迪达斯

用围巾展示女性的
魅力和柔美

在任何季节都可以使用围巾，不管是冬天抵御寒冷，还是夏天防空调风。在购买时，可以选择一些平时不常用的颜色，拓宽搭配范围。当自己的搭配怎么看都不对时，可以选择搭配围巾，采用适当的围法，就可以弥补搭配中不足的颜色，让搭配更有冲击力。

此外，还可以围出时尚感不可欠缺的"立体感"。围巾特别适合上半身比较单薄的人，使用围巾可以加重上半身的分量。

围巾的另一个重要作用就是反光板，让脸部更加明亮。所以最推荐米色、白色之类明亮的色调。

如果要选带花纹的，最好选择方格，不推荐其他花纹，特别是豹纹之类的动物纹，显得很廉价。

围巾的用法不仅限于脖子，请大家试着和包包搭配在一起。只是这一个简单的搭配，就可以让原本朴素的造型变得时尚起来。包包无论什么大小都可以，但要选择华丽风格的。

最方便实用的围巾是柔软材质的，如右页照片中使用的围巾，看上去质量上乘。一条小小的围巾，就可以让自己看上去既成熟又有魅力，让搭配变得更有品味。

柔软的羊绒围巾

柔软材质的围巾，可以让面部显得更美丽。使用一次后，你绝对会爱上这种材质。

围巾：BUYER
耳环：jewelry shop M
项链：Less Bliss
手链：ma chere Cosette
外套：切斯特大衣（优衣库）
连衣裙：无袖褶皱连衣裙（优衣库）
包包：ZARA
鞋子：BEAMS

平时不使用的颜色，使用起来也很方便

平时服装不使用的颜色，可以使用在围巾上。如照片中那样，白色无袖上衣、牛仔裤、运动鞋，再加上鲜艳的围巾，时尚气息扑面而来。夏天，围巾不但可以防晒，还可以防空调风。

耳环和手链：JUICY ROCK
手链：lujo
手表和项链：ZARA
围巾：Pyupyu
上衣：乳白色一字领无袖上衣（优衣库）
内搭：罗纹背心（优衣库）
下装：九分男友裤（优衣库）
鞋子：匡威
包包：ZARA

格子围巾要选择大格子的

即使是比较朴素的造型，搭配格子围巾也会变得华丽起来。将围巾在脖子上松松垮垮地围一圈，还可以显得脸小。请选择大格子围巾，围上后不会显得凌乱，可以搭配很多服装。

耳环：JUICY ROCK
项链：jewelry shop M
外套：风衣（优衣库）
上衣：羊绒V领毛衣（优衣库）
下装：超弹直筒牛仔裤（优衣库）
手表：NIXON
包包：ZARA
鞋子：Boisson Chocolat

发型要
根据搭配而改变

此前多次告诉大家，时尚不只是服装搭配，还要挽起袖子、卷起裤脚等。充分注意细节，可以在很大程度上影响时尚度。此外，"头发"也是一大要素。发型要根据搭配而改变，这是一条铁律。

说起改变发型，并不是让大家大做改动，而是基本的"扎起"或是"放下"。此外，短发要注重调整刘海——古板的发型会让你显得古板。

穿条纹、花纹、高领上衣，或是让脖子显得短一些的中领上衣时，要扎起头发。也就是说，上衣比较复杂或是脖子显短的情况下，要扎起头发。穿鲜艳颜色的上衣时，也要扎起头发。裤腿也是这样的道理，只有看起来"清爽"，才能显得时尚。

相对来说，当穿着简洁的一字领或是V领上衣时，就需要放下头发。改变发型，可以突显面部曲线，突显女性美。肩膀比较宽的人，也适合放下头发，让肩膀显得不那么宽。

要注意的是，发型会在很大程度上影响搭配，所以不管是扎起或是放下，都要让头发"动"起来。不管是多么时尚的搭配，只要发型不对，

就绝对时尚不起来。因为头发可以决定搭配风格，即使是拨动刘海也会
发生变化。

卷发 → 优雅

随意 → 成熟感

扎得蓬松的头发 → 成熟、偏大人

扎得比较紧的头发 → 办公室风、认真

扎得较高的头发 → 休闲风、年轻

例如，当你用白衬衫、牛仔裤、运动鞋搭配休闲风时，卷发会让人显得
比较"女性化""大人的感觉"，增加你的成熟美。

另一方面，也可以利用发型增加休闲度。当你选择正装外套、锥形裤、
高跟鞋这种办公室风的穿搭时，如果要削弱这种感觉，可以扎一个比较
高的马尾辫。

穿着显肩宽的上衣时，要放下头发

穿外套或是比较正式的衣服时，会让人加倍注意你的肩膀，这时要将发尾烫卷，然后自然放下，隐藏看上去有些宽的肩膀。

上衣：人造丝罩衫（优衣库）
下装：超弹直筒牛仔裤（优衣库）

穿着条纹T恤时，扎一个丸子头会显得十分可爱

穿有花纹的衣服时，一定要将头发扎高。穿条纹衣服时，笔直的马尾辫显得有些死板，可以扎一个可爱的丸子头。

耳环：jewelry shop M
上衣：一字领条纹T恤（优衣库）

追赶潮流从小物件开始

勇敢做自己，只穿适合自己的衣服才最时尚。但是，如果某一天你想追赶潮流，该怎么做呢？最容易的方法就是从小物件下手。

服装可以选择基础款，然后用小物件搭配出潮流感。只要搭配好鞋子、包包，一下子就变时尚了。

如果你一定要穿潮流服装，请从上衣下手。

下装很挑人，例如阔腿裤，适合的人穿上当然好看，不适合的人穿上会十分难看。拉低你美感的潮流，不追也罢。上衣因为板型、材质、颜色可以选择的范围较广，所以容易上手。

优衣库的服装尺寸丰富，近些年流行的"宽松版"服装，就有各种尺寸，请大家选择适合自己的宽松尺寸。

鞋子和包包的
颜色要不同

选择鞋子和包包时，请选择不同颜色。不同颜色的搭配，看上去比较优雅。

有一个很简单的搭配技巧，那就是首先穿上"基础款"，然后用鞋子和包包做点缀。有一个点缀时，不会破坏美感，有两个点缀时，会增加搭配的亮点。所以简单来说，就是要让包包和鞋子的颜色不同。

请大家一定记住"当包包和鞋子有一方和服装的颜色相同时，另一方就要使用反差色"。方法很简单，但是很实用。

此外，使用鲜艳的、视觉效果很强的反差色时，面积越小，效果越好。

但是，使用相同颜色的鞋子和包包也是可取的。同色有一种"沉稳感"和"统一感"。所以当搭配颜色复杂而想追求统一感时，当工作中需要沉稳感时，当参加正式活动时，可以选择同一个颜色的包包和鞋子。

鞋子和包包颜色不同，
可呈现出美感

鞋子和包包的颜色相同，
呈现出沉稳的气质，
适合正式场合

耳环：STYLE DELI
玻璃和手链：ByBoe
手表：卡地亚
上衣：棉和羊绒混纺 V 领毛衣（优衣库）
内搭：罗纹背心（优衣库）
下装：九分裤（优衣库）
披肩：macocca
围包：PotioR
鞋子：左Odette e Odile、
右GALLARDA GALANTE

饰品可以
提升脸部的光泽感

我之前一直强调，细节可以在很大程度上左右美感，增加女性魅力。这一节要说的是"光泽"。例如，即使你不涂指甲油，只要手指光滑干净，也可以增加女性魅力。

可以提升脸部光泽感的细节就是饰品。有光泽，才有女性魅力。

佩戴有光泽的饰品，可以营造立体感，起到事半功倍的效果。此外，饰品还可以营造季节感，因此，一定要佩戴饰品。不管是多么小的饰品，只要有光泽，就可以大大地改变整体搭配的风格。饰品中绝对不可欠缺的就是耳钉（耳环），能立刻让面部华丽起来。

还要注意运用银色和金色，银色可以让搭配变得统一而高贵，金色可以给人温柔和可爱。银色还给人冷冷的、酷酷的印象。金色适合暖色系，银色适合冷色系。

佩戴饰品的规则很简单，耳环和项链要同色。如果耳环和项链的颜色不同，会显得不协调。但是手镯可以选择其他风格，因为手部经常处于动态，即使风格不统一也不会有违和感，而且混搭可营造一种休闲感。在搭配比较休闲时，双手的饰品甚至可以不同色。

Full Year

可以佩戴一整年的饰品

可以佩戴一整年的饰品，必然是存在感强的饰品，如照片中简单而闪亮的珠宝、手表。耳钉、耳环选择小小的、圆环状的，当绾起头发时，它就是主角。

当然，手部可佩戴有存在感的饰品，"佩戴两只奢华的镯子"一下子就提升了存在感。之前说过，细节也要有存在感。如果妈妈担心孩子拉扯而无法佩戴饰品，可以佩戴纤细的、紧贴肌肤的珠宝。纤细的链子很不错，请妈妈们试戴一下。不但能让心情变好，还可以享受佩戴珠宝的乐趣。特别是纤细的、闪闪发光的手链，因为很便宜，可以放心佩戴。

1、2 : PHILIPPE AUDIBERT
3、4、5、6 : JUICY ROCK
7 : jewelry shop M
8、9、10 : 卡地亚

1、2、9 : JUICY ROCK
3 : NIXON
4 : Salt
5、8 : lujo
6 : PHILIPPE AUDIBERT
7 : BEAUTY & YOUTH UNITED ARROWS

Spring Summer

春夏佩戴有光泽的饰品

在衣着单薄的季节，大量露出手腕和领口的肌肤，是佩戴饰品的好时机，发饰也有很多选择。这时候选择有光泽的饰品最佳，可以令手腕和脖子显得纤细。

Autumn Winter

秋冬佩戴奢华的饰品

在着装比较厚重的秋冬季节，一定要记住，清爽是第一要点。为了不影响只露出少许肌肤的美感，最适合佩戴奢华的饰品。

1、2 : JUICY ROCK
3、4、7 : jewelry shop M
5 : SUGAR BEAN JEWELRY
6 : R-days
8 : Pierre Lannier

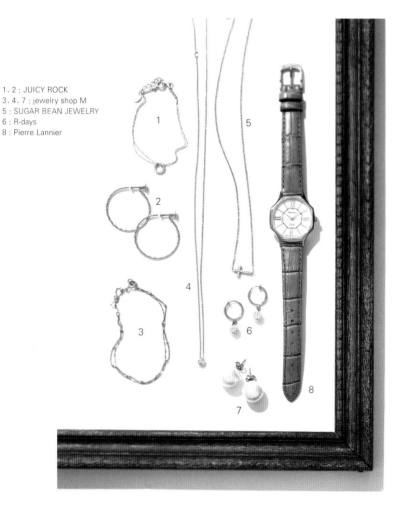

手表的底盘
要选择白色

手表是让人印象深刻的单品。手表的款式不同，营造出的气氛也不同，但因其较为昂贵，不可能拥有很多个，所以请挑选最适合自己的。

小表盘偏女性化，大表盘比较男性化。所以，穿休闲风的人喜欢搭配大表盘，想优雅一些的人可以选择小表盘。

作为每天都要使用的配饰，手表底盘推荐白色。厚重的表盘会有沉重感，而且偏男性化。此外，手表的边缘大多是金色或是银色，建议经常佩戴金色饰品的人选择金色，反之则选择银色。最好选择同时融合了暖色和冷色的手表，更容易搭配。

此外，还要注意手表的厚度。厚的显得比较中性，所以请选择薄的。还有一个细节是表带，经常见到的都是黑色。黑色是搭配时最常使用的颜色，但平时佩戴的手表推荐棕色表带。

watch

融合冷暖色的手表更方便搭配

不大不小，谁都可以使用

表盘偏厚，所以稍微偏男性化，但表盘是粉红色，可以出门时佩戴。

着装主色调是黑色时使用

便宜的卡西欧，去玩耍时可以佩戴。黑色搭配金色，所以着装可以选择外套搭配牛仔裤，显得有存在感。

经常穿休闲风的人，推荐男性化的手表

经常使用的手表可以选择棕色表带。银色边缘、白色表盘，是最佳设计，很容易搭配。

左上：劳力士
左下：卡西欧
右：卡地亚

帽子可以迅速
提升日常搭配的美感

再也没有比帽子更能提升搭配美感的饰品了。也许大家觉得，帽子是一小部分很时尚的人才使用的饰品，实际上帽子可以迅速提升日常搭配的美感。

当你觉得"今天的搭配太朴素了"，就可以选择帽子。在不知道如何搭配，或是觉得自己的搭配有点儿单调时，请选择帽子。帽子很适合沉稳的服装。此外，戴帽子还可以让人看上去更高、更婀娜。

选择帽子时，首先推荐白色。也许有人觉得白色太显眼，而选择深色，但是深色会让头部看起来更大，所以请大家尝试白色。如果非要戴深色帽子，请将头发绾起来，这样才显得不那么沉重。而且，因为帽子接近面部，浅色帽子还可以起到反光板的作用，让面色看起来更亮、更美。

总而言之，请大家记住"搭配是根据面部决定的"。在头部佩戴华丽的发卡、蝴蝶结等饰品，年龄越大越不适合，而且会让头部看起来十分凌乱。

在选择帽子时，不显眼的、不抢镜的颜色和款式最好。此外，硬质的比较好，质地柔软的帽子戴上后会显得孩子气。

hat

帽子让你看起来更高

下图
耳环: JUICY ROCK
项链: R-days
手链: lujo
手表: 劳力士
帽子: reca
针织衫: 防晒V领开衫
（优衣库）
连衣裙: 条纹连衣裙
（优衣库）
包包: ZARA
鞋子: 匡威

左：GU　右：reca

如果戴帽子实在不好看，可以摘下帽子上的绸带再尝试一下，单色更容易搭配。此外，帽子接近面部，所以去掉明亮的绸带会更好搭配。

如果你还是觉得帽子不适合你，可以尝试帽檐宽一些的。宽的比较优雅，短的显得休闲。但不要选择帽檐过宽或是过窄的，过宽的有度假风格，过窄的又偏男性化。多尝试，不适合就一点一点变换帽檐，总会找到适合自己的。

普通搭配加上帽子，
可以显得比较时尚。

鞋子决定整体搭配的
轻重感受

我在之前的章节中反复强调过鞋子的重要性，不管衣服多么适合，鞋子搭配得不好，整体搭配就会变得怪异。

只要大家知道鞋子在搭配中扮演的角色，就不愁搭配鞋子了。

在搭配中，鞋子的角色有两种。

① 制造轻重感

鞋子和包包一样，是有轻重区别的。在全身镜前看看自己的搭配，思考这身搭配适合什么样的鞋子，"轻的"还是"重的"？决定轻重的依旧是颜色、形状、材质。颜色鲜明、小巧的鞋子属于"轻"的。材质轻的比较女性化，重的男性化。当搭配恰当的情况下，穿一双偏男性化的鞋子，会显得洋气，而"轻的"鞋比较方便。我的鞋子的轻重比例一般是8：2。

② 混合？收紧？调色？

因为鞋子占总体搭配的面积很小，所以可以灵活使用颜色。就像服装的颜色一样，米色是混合色，黑色等暗色是基础色，华丽的颜色可以作为点缀色，选择范围很广。

我之前说过，搭配时要从下半身开始考虑，所以，可以最先考虑鞋子。当你决定好是穿平底鞋、运动鞋还是高跟鞋之后，再考虑如何组合服装，搭配就变得非常简单了。最后做微调，搭配就会非常成功。

想穿出轻重感还是想活用色彩，一边考虑风格一边搭配也不错。如果你仔细看过杂志就会发现，模特儿也是这么做的。

九分裤最适合搭配
露脚背的鞋子

九分裤最适合搭配露脚背的鞋子。这种长短的裤子和露脚背的鞋子搭配后，会显得双腿很美、很修长。

九分裤，就是到脚踝的裤子，稍显沉重一些，搭配露脚背的鞋子，平衡感刚好。

基本上是这样的原则，但也不是说绝对不能搭配运动鞋。如果想搭配运动鞋，请参考如何搭配运动鞋的章节，建议选择浅色、材质较轻的鞋子。

要想搭配不露脚背的鞋子，建议将九分裤的裤腿卷一下，变成七分裤。即使是不露脚背的鞋子，也适合搭配了。裤腿短一些，比较适合搭配运动鞋。

以九分裤的选鞋方法作为基准，考虑其他裤长的裤子适合搭配哪些鞋子就比较容易了。

上衣: 长袖牛仔衬衫（优衣库）
下装: 修身九分裤（优衣库）
挎包: ZARA
鞋子: Boisson Chocolat
手链: PHILIPPE AUDIBERT

Chapter

5

To make it better

[第5章]

知道这些，就可以提升魅力

适当露出颈部线条，
就是最美的时候

在前文中，材质、板型、颜色之中，只要有两种适合自己，搭配就一定不会失败。这其中，板型和颈部露出的面积有很大关系。领子的线条好，可以让脖子看起来比较修长，脸看起来更小，让上半身的搭配没有硬伤。所以当你把握好搭配领子的诀窍时，就可以在一群人中脱颖而出。

有一些衣服，分明是你很满意才买的，却从来没有穿过，其中很大原因是领子不合适。为什么这么说呢？因为只有领子的线条是无法补救的。那么，该如何寻找适合自己的领子呢？很简单，请大家记住，首先要分辨自己的上半身是丰满的还是瘦削的。

接下来我将介绍四种领子的线条，方便大家在挑选衣服时使用。这四种当中一定有一种适合你。根据个人情况，也许有人适合两种甚至三种。

当然，即使是不适合你的领子，也可以大胆尝试。我也会告诉大家怎样把不适合的衣服变适合，让大家在不适合中寻找到适合。

V-neck line

V 领适合圆脸的人

耳环：JUICY ROCK
项链：SUGAR BEAN JEWELRY
眼镜：ZARA
手镯：jewelry shop M
戒指和手表：卡地亚
上衣：棉和羊绒混纺的 V 领毛衣（优衣库）
内搭：罗纹背心（优衣库）
下装：超弹牛仔裤（优衣库）
披肩：Johnstons
包包：PotioR
鞋子：Odette e Odile

V 领可以露出胸前的肌肤，有种清新脱俗的感觉，也可以露出锁骨，显得比较女性化，最适合圆脸的人。此外，也适合脸比较大、脖子比较短、肩膀比较厚实的人。顺带提一下，肩膀比较厚实和胸部比较丰满是有区别的，请从侧面观察自己的身体。

要想看起来更加女性化，就要露出锁骨，这时可以选择大 V 领。

要想轮廓清晰、有酷酷的感觉，也可以选择 V 领。比起甜美的短裙，裤子更适合搭配 V 领。

如果穿上 V 领后，上半身显得单薄或是显出穷酸相，那就是不适合 V 领。这样的人要选择小领子，或是用围巾制造上半身的分量感。颈部过长是显出穷酸相的主要原因，放下头发可以改善，也可以遮挡单薄的胸部。

U-neck line

大圆领（U 领）让脖子变得更修长

针织帽：GU
耳环和手镯：R-days
手绳：JUICY ROCK
手表：卡西欧
外套：长款外套（优衣库）
上衣：圆领毛衣（优衣库）
下装：修身锥形裤（优衣库）
包包：KANKEN
鞋子：UGG

U 领和 V 领一样，都有清新脱俗的感觉。因为是圆领，所以又增添了柔和感。U 领和 V 领适合的人群相同。和 V 领一样，U 领可以让颈部看上去更修长，而且圆形更容易穿出甜美的感觉。

要想看起来更加甜美，可以卷起袖子，让自己看上去清爽是关键。

不适合人群和 V 领一样，上半身瘦的人不适合穿着，如果穿着需用头发遮挡。

Crew neck line

小圆领适合上半身瘦的人

帽子：reca
耳环：JUICY ROCK
墨镜：ZARA
手镯：PHILIPPE AUDIBERT
手镯：lujo
戒指：卡地亚
上衣：蝙蝠袖T恤（优衣库）
内搭：罗纹背心（优衣库）
下装：超弹牛仔裤（优衣库）
手表：ZARA
包包：Sans Arcidet
鞋子：Boisson Chocolat

小圆领给人一种受过高等教育的感觉。跟 V 领、U 领不同，它最适合上半身单薄的人。肩部比较窄、脖子比较修长的人也很适合。相反，上半身丰满的人穿起来就会显得没精神。

脸形较长的人，穿上小圆领后会显得更长。假如是脸形较长、上半身较瘦的人，则适合佩戴长款项链，让胸部以下有亮点。此外，脸形较长的人可以将头发放在肩膀两侧。

Boat neck line

一字领适合面部较长的人

外套：羊毛混纺大衣（优衣库）
上衣：一字领条纹T恤（优衣库）
下装：美利奴针织短裙（优衣库）
打底裤：CK
鞋子：ZARA
披肩：Johnstons
包包：PotioR
耳环：R-days
手表：劳力士
手镯：PHILIPPE AUDIBERT

一字领就是横着的宽领，可以露出锁骨，显得比较女性化。脸形较长的人最适合这种领子，而脖子较短、圆脸的人不太适合。不适合的人，可以将头发全部扎起，这样可以显得利落。

搭配有季节感，
自然显得时尚

时尚人士搭配衣服时，必然会注重"季节感"。相反，如果穿着没有季节感的衣服，自然就和时尚无缘了。不管季节如何都穿着拖鞋或保暖内衣的人，自然无法时尚。要想穿出季节感，就要注意服装的颜色和材质。

熟悉颜色的话，就很容易选择着装了，春夏选择明亮的颜色，秋冬选择沉稳的颜色。

服装的材质也要符合季节，春夏选择亚麻或纯棉，秋冬选择羊绒或软而薄的温暖织物。季节交替时，率先搭配出下一个季节的服装，一下就能让人感觉到与众不同。这时，不要用材质来显示季节，而要用颜色。例如，8月底的时候，衣着还比较单薄，但却可以选择有秋天感觉的颜色。

季节感不仅仅体现在服装上，还体现在配饰上。包包和鞋子可以选择一年中常用的，但配饰要选择季节感强一些的。夏天可以选择绿松石首饰，或是篮子包、华丽的拖鞋等。冬天可以选择皮毛装饰物、雪地靴等。这些配饰，在季节到来之前就穿戴起来，效果更出色。

适合春夏的
亚麻衬衫

前一节说过，时尚感的重点之一就是不能缺乏季节感。春夏特别推荐亚麻衬衫。通过材质就能体现季节感和成熟感的服装，非亚麻衬衫莫属。亚麻衬衫透气性很好，比较凉爽。秋冬更推荐针织衫。

亚麻衬衫不用熨烫，要的就是自然感，机洗之后不要甩干，用手抚平褶皱后晾晒即可。这样洗涤之后的亚麻衬衫很自然，穿上后才会显得脱俗。

不过，要想穿出利落感，则需要熨烫。对亚麻衬衫来说，立起领子可以体现立体感，看上去更有型，所以请大家尝试将衬衫的领子立起来。

优衣库的亚麻衬衫每年都有很大变化，常会推出新的颜色，条纹的粗细也不一样。所以请大家多试穿，选择自己喜欢的。优衣库的服装在同等价格的情况下，材质要优于其他品牌，所以一定不会吃亏。

项链：R-days
上衣：优质亚麻衬衫（优衣库）

享受彩色亚麻衬衫带来的快乐

优良的染色让亚麻衬衫看上去更有
魅力。有很多颜色都很适合亚麻面
料，便宜而且好搭配，推荐大家多
购买一些颜色。

成人服装也分
"成人装"和"儿童装"

成人服装也分"成人装"和"儿童装",就像分"男款"和"女款"一样。在购买服装的时候,意识到这一点比较好。

当女性穿着男性的服装时,会显得男性化。相反,如果穿着短裙或是高跟鞋等女性专用的服饰时,就会显得更加女性化。

当你想向他人展示女性美时,裤子可以选择偏女性化的款式,例如细腿锥形裤。相反,如果男性穿着这种裤子,就会显得比较中性。大家应该都看到过男化妆师或是理发师穿着细腿锥形裤吧,显得比较中性和时尚。女性穿直筒休闲裤或是牛仔裤,就会显得男性化。

当成人穿儿童款服装时会显得比较年轻和孩子气,例如速干运动服,所以就要和其他成人款服装搭配,以降低孩子气。如果不搭配成人款服装,就会变得很怪异。

当你想穿运动服时,如果不想显得孩子气可以选择偏成人款的运动服,如V领或一字领、板型比较修长的款式。

总之,在选择服装时,要先考虑自己究竟想要什么样的搭配,想打造什么样的风格。

不建议穿儿童款服装

印商标的帽衫、阔腿短裤、有花纹的
夹克都是儿童款服装，穿这种衣服只
会让你看起来像个"大儿童"。

Feminine items

女性化的服装搭配越多越显女人味儿

突显身体曲线的窄裙

柔滑的罩衫

小巧的链条包

露出脚背的红色高跟鞋

左上：直筒裙（优衣库）
右上：人造丝罩衫（优衣库）
左下：芙拉
右下：Boisson Chocolat

mannish items

男性化的服装搭配越多越偏男性化

裤腿肥大的牛仔裤

运动外套

羊羔毛材质的开衫

Polo 衫

左上：直筒牛仔裤
右上：防风运动服
左下：羊羔毛V领开衫
右下：速干polo衫
以上皆来自优衣库（男装）

运动裤，显得帅气

运动裤是一种比较难搭配的服装，将运动裤穿出成人感就会显得很帅气，可以称得上搭配达人了。

运动裤比较柔软，孩子也可以穿。也就是说，它是一种"偏儿童"的设计。要想将这种服装穿出成人感比较困难。

正是因为它偏儿童化的设计，穿好会显得特别时尚。

对运动裤来说，要选择款式和颜色偏"成人"的款式。大家常见的是灰色，但我推荐黑色，板型推荐锥形。锥形是成熟女性所独有的板型，它最能展现女性的纤瘦。此外，裤脚最好有收紧设计，这样可以强调脚踝的纤细感。运动裤主要有锥形、直筒、喇叭三种板型，所以寻找起来相对比较简单。直筒的较偏男性化，所以不推荐。

运动裤适合搭配平底尖头鞋，露出脚尖和脚背。

当运动裤搭配运动鞋时，
运动鞋要和裤子同色

当运动裤搭配运动鞋时，运动鞋
要选择和裤子同色、款型比较清
爽的，这样显腿长。最好在鞋里
放上增高鞋垫。

彩妆: STYLE DELI
美甲: JUICY ROCK
针织衫: 防晒V领开衫（优衣库）
上衣: 优质亚麻衬衫（优衣库）
下装: 速干运动裤（优衣库）
包包: Anya Hindmarch
鞋子: 匡威

活用设计中的三角形、
圆形和方形

当你决定搭配什么服装时，从款型着手，会变得比较简单。

服装的款型分为圆形、三角形、方形三种。圆形比较年轻、可爱，三角形比较鲜明、成熟、有女人味儿，方形常显出高级感和男性化，比较适合办公室氛围。

从领子来看，圆领给人年轻的印象，三角形的领子比较成熟。从包来看，圆形的比较可爱，方方正正的适合办公室使用。发型也一样，圆圆的显可爱，有棱角的显男性化。穿搭风格就是由这些元素决定的。

知道这些后，就可以在成人的搭配中加入柔软的元素，营造出一种鲜明中带着可爱的风格。在面试等严肃场合，可以选择方方正正的包包。在与熟人见面时，可以选择可爱的搭配。诸如此类，学会活用设计中的三角形、圆形和方形，搭配就会变得简单。

在购买衣服时，就要意识到自己究竟想要哪一种形状，不要偏离自己已经拥有的形状。如果想向他人展示"成熟之美"，但搭配时全部选择方形单品，最后搭配出来的不是"成熟之美"而是"办公室感"。如果你想穿出酷酷的感觉，就不要选择圆头高跟鞋，而应该选择尖头高跟鞋。大家在购买服饰时，一定要先对服装的形状以及这种形状给人的印象有个预判。

[○圆形让整体搭配变柔和]

环绕颈部的围巾让人显得温暖柔和。

运动鞋让整体感觉变休闲。

圆领比V领感觉更年轻。

[△三角形穿出女人味儿]

在脸部周围使用三角形，可以让搭配整体收紧。

尖头高跟鞋比圆头高跟鞋更显女性化。

领子部分是三角形，可穿出酷酷的感觉。

[□方形显出高级感]

方形表盘，显出高级感。

方形包包，虽小却没有休闲的感觉，很容易从普通的搭配中脱颖而出。

西装外套让整体搭配显出方形。只穿一件，马上展现办公室氛围。

选对肩线，
让身材变好

大家是否注意过肩线？就是右页中虚线圈出的部分。估计大多数人会说："啊？我从来没有注意过这里呀。"实际上，如果你关注过这个部分，就可以让自己的搭配更完美。所以，如果你不曾注意过，请趁这次机会，好好观察一下吧。

你是否曾觉得"穿上某件衣服后，自己的身材看上去有些胖胖的"？这就是肩线没有选对。如果你选对了肩线，就能让上半身显得更瘦，从而改变整体的搭配风格。

肩线有三种，适合不同体形。注意，照片中展示的只是一个大概，要想真正找到适合自己的，还是要多多试穿。

只有多试穿、多比较，才能找到真正适合自己的。如果肩线不适合自己，那么就在别的地方（比如材质、板型、颜色、领口形状等）寻找适合自己的。大家了解了这些细节后，就可以根据自己的情况寻找适合自己的服装了。

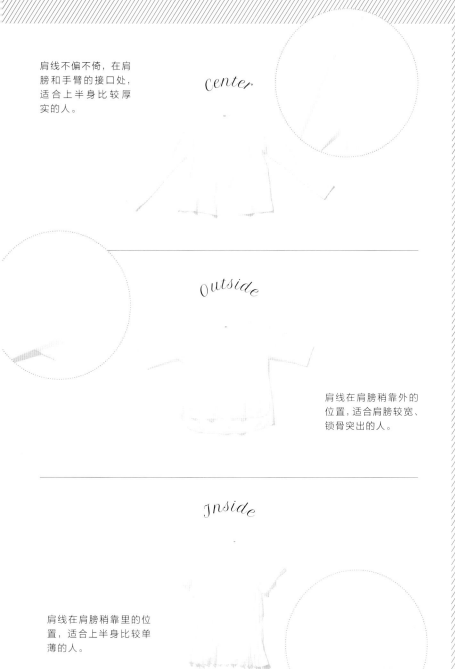

肩线不偏不倚，在肩膀和手臂的接口处，适合上半身比较厚实的人。

Center

Outside

肩线在肩膀稍靠外的位置，适合肩膀较宽、锁骨突出的人。

Inside

肩线在肩膀稍靠里的位置，适合上半身比较单薄的人。

万能的全棉灰色打底衫

穿衬衫时建议大家解开三颗扣子，但这样一来有人担心露得太多，或是穿白色内衣时容易走光。

这时候，打底衫就派上用场了。一定要拥有全棉灰色背心。这种颜色和材质，即使稍微露出一些，也不会显得突兀。当你解开三颗扣子，将领子向后拉时，一定要穿的就是这种打底衫。

穿针织衫时，因为紧贴身体，身体的线条很容易显现出来，这时可以搭配米色吊带背心或是黄褐色、驼色的吊带背心，不容易走光。

我个人推荐优衣库的"air系列米色半袖"。这种半袖即使搭配白色罩衫也没有问题。作为内衬不显眼，而且穿起来舒适透气。

在寒冷的冬天，可以选择深色保暖内衣。这里告诉大家一个小技巧，当你穿白色针织衫时，可以选择粉红色的保暖内衣，即使稍微有些透出来，也是一种温暖的感觉。此外，如果担心保暖内衣的领子露出来，可以用剪刀将领子剪成大圆领。穿两层保暖内衣比较臃肿，可以在保暖内衣外搭配长袖服装，这样一来就不显臃肿了，还很保暖。

出去玩耍时，一年四季都可以穿air系列的打底衫，不会汗流浃背，弄得自己很狼狈，当然运动时也可穿着。

Underwear

这些是很好搭配的打底衫

紧身衣服最适合内搭米色背心

紧身衣服容易暴露身体的线条，这时候选择接近褐色的背心，就不会让人看出来。

罗纹背心最好选择基础色

本书搭配中经常使用的就是罗纹背心。虽说是打底用，但是在搭配中占有很重要的位置。选择基础色作为打底，即使露出来一点儿，也不会显得突兀。

即使看到也不会觉得很怪异的纯棉打底背心

这种纯棉打底背心最适合穿衬衫的人，拥有一件背心、一件吊带就够了。

由左到右从上到下：air打底背心、罗纹背心、纯棉背心/纯棉吊带、超弹打底裤、无痕内裤（以上皆来自优衣库）。

隐藏内裤的打底裤

打底裤可以隐藏内裤的边角，穿起来也很舒适，很实用。

穿紧身下装时经常用到的无痕内裤

穿紧身牛仔裤时，就需要用到无痕内裤。穿其他紧身下装时，也经常用到。

163

亲子装一定要
以孩子为主角

亲子装的重点是"让服装有关联"，这样才显得可爱。

① 孩子是主角，家长是陪衬

穿条纹服装时，就可以让亲子装关联起来，虽然夹克也可以，但是条纹衫肯定比夹克或是衬衫可爱得多。

② 用小饰物穿出亲子感

照片中，一家人选择了带有明显花纹的围巾和针织帽。此外，还可以戴棒球帽或是将衬衫缠在腰上，不仅仅是衣服，小饰物也可以让可爱感倍增。

③ **鞋子即使不同色，但品牌相同，也可穿出亲子感**

因为鞋子常被人们最先注意到，选择相同的品牌就可以穿出亲子感。

④ **孩子穿俏皮的颜色**

在亲子装中，单独给孩子穿俏皮的颜色，会让孩子显得很有精神。

⑤ **穿着要方便行动**

与其摆出酷酷的样子，还是与孩子一边玩耍一边笑着说话比较有亲子感。

模拟场景的搭配集锦

先考虑一天的计划，然后考虑搭配，
不仅可以每天穿着得体，还可以提升搭配水平。

寒冷的日子里

和孩子去公园，可以选择针织帽、围巾、雪地靴这种保暖的搭配。其中褐色围巾让存在感满满。

2way围巾（优衣库）　长款外套（优衣库）
超弹牛仔裤（优衣库）　针织帽: CA4LA
靴子: UGG　包包: ZARA

入园仪式

白色外套让上下装风格统一，再点缀长款项链和胸针。不仅可以参加正式场合，还可以作为日常生活的搭配。

柔软的白色外套（优衣库）　人造丝罩衫（优衣库）
直筒七分裤（优衣库）　包包: ZARA
高跟鞋: SESTO

和朋友去购物

考虑到要逛很多店，所以选择了便于行动的低跟麂皮鞋。灰色和褐色的裙子，也体现了女性的甜美。

高档亚麻衬衫（优衣库）　棉质短裙（优衣库）
保暖内衣（优衣库）　包包: ZARA
带跟麂皮鞋: ZARA

同事聚餐

参加公司聚餐的时候，可以选择柔顺的人造丝罩衫。看上去比平时朴素一些，但是不会给人过分用力的感觉。为了方便服务大家，要选择便于行动的裤子。

人造丝罩衫（优衣库）　直筒九分裤（优衣库）
包包: PotioR　高跟鞋: Boisson Chocolat
围巾: 乐天

\ 和好友一起吃午餐 /

白色和驼色是适合的午餐搭配。和关系很好的朋友一起吃午餐，选择白色的牛仔裤会有耳目一新的感觉。冬天也推荐白色牛仔裤。

羊毛混纺大衣（优衣库）　圆领毛衣（优衣库）
超弹直筒牛仔裤（优衣库）　靴子：UGG
包包：STYLE DELI　装饰物：lujo　围巾：reca

\ 好友聚会 /

和好友见面，可以选择黑灰这两种显成熟的颜色，加上有温暖感觉的灰色短裙、米色饰品，显得更加女性化。绑带鞋和短裙也很搭。

罗纹毛圈外套（优衣库）　超弹袜子（优衣库）
美利奴羊毛毛衣（优衣库）　保暖短裙（优衣库）
鞋子：ZARA　　包包：Andemiu
装饰物：lujo　围巾：乐天

\ 约会 /

便于行动的牛仔裤加上色泽柔和的羊绒针织衫、围巾，可以迅速提升女性魅力！穿高领保暖毛衣时要将头发扎起来，给人清爽的感觉。扎上显可爱的丸子头，最适合约会。

羊绒保暖毛衣（优衣库）　修身锥形牛仔裤（优衣库）
踝靴：FABIO RUSCONI　包包：STYLE DELI
装饰物：Dholic　围巾：乐天

\ 和家人去郊游 /

和家人一起去户外远足的时候，搭配篮子包，常见的风衣都变得生动起来了。

风衣（优衣库）　T恤罩衫（优衣库）
修身锥形牛仔裤（优衣库）　包包：Kate Spade
印花丝巾：STYLE DELI

\ 工作 /

帅气风衣，加上驼色高跟鞋，一下子就洋气起来了。

风衣（优衣库）　一字领T恤（优衣库）
超弹直筒牛仔裤（优衣库）　高跟鞋：SESTO
包包：路易威登

\ 第一次见面 /

清爽感满满的九分裤，选择比一般颜色更加干练的深蓝色，即使大声打招呼也不会觉得失礼。深蓝加白色，可以给第一次见面的人留下好印象。

人造丝罩衫（优衣库）　直筒九分裤（优衣库）
高跟鞋：outlet鞋子　包包：路易威登

\ 和朋友去咖啡厅 /

和高中时代的朋友相约
咖啡厅聊天，既要自然
又要打扮入时，颜色
鲜艳的外套就发挥作用
了。收腿裤要选择刚好
的尺寸，太大的容易显
胖。

防晒V领外套（优衣库）　蝴蝶袖T恤（优衣库）
纯棉收腿裤（优衣库）　包包: ZARA
拖鞋: FABIO RUSCONI

\ 偶尔去听音乐会 /

去听音乐会时，应该穿
得和平时有所区别。黑
色和粉色的搭配显出了
适当的休闲感，再加上
和上衣同色的运动鞋，
既有孩子的天真又不过
分装嫩。

圆领有机棉T恤（优衣库）　百褶裙（优衣库）
包包: KANKEN　高帮运动鞋: 匡威

\ 接送孩子 /

选择柔软的亚麻条纹
针织衫作为上衣，一
下子就显现出了女性
的美感。阔腿裤很容
易让人显矮，为了避
免这一点，可以戴一
顶帽子。

优质亚麻针织衫（优衣库）　阔腿裤（优衣库）
帽子: reca　包包: 贝尔蒂尼
拖鞋: Pyupyu

\ 出门游玩时 /

出门游玩时，最重要的
是选择一双方便行走的
鞋子，厚底凉鞋就符合
这一要求，而且厚厚的
底部可以让身材显得更
加高挑，即使是妈妈也
很推荐。背包让人感觉
休闲，也可以给人可爱
的感觉。

大口袋T恤（优衣库）　长裙（优衣库）
包包: KANKEN　凉鞋: Teva

\ 去高级餐厅 /

跟朋友相约去高级餐厅
吃饭，这时候当然要穿
得漂亮些，但是又不必
太过正式，所以注意宽
松度就可以了。

蝙蝠袖T恤（优衣库）　九分裤（优衣库）
高跟鞋: 乐天　包包: STYLE DELI

\ 夏天最热的时候 /

夏天最适合穿清凉布料
的连衣裙。柔软顺滑又
轻薄的连衣裙，不但休
闲，还显女性美。

防晒V领针织衫（优衣库）　凉鞋: 松糕鞋
帽子: reca　包包: Sans Arcidet

同学聚会

参加同学聚会，推荐选择柔和的颜色，不仅可以彰显成熟女性的魅力，还可以显现女性的柔美。柔软顺滑的上衣，搭配熨烫服帖的裤子，是我最爱的搭配。

人造丝罩衫（优衣库）　　直筒七分裤（优衣库）
高跟鞋: FABIO RUSCONI　　包包: fifth

下雨天

下雨天可以选择防水的靴子、长度到膝盖的裙裤，都是深色的比较好，即使湿了也不会太显眼。然后用驼色围巾增加明亮度。

大衣（优衣库）　　裙裤（优衣库）　　围巾: HAPTIC
帽子: HERES　　靴子: SESTO　　包包: ZARA

和家人出去

当和家人出门时，我经常选择清爽的亚麻衬衫，搭配白色牛仔裤，是十分简洁的搭配。

优质亚麻衬衫（优衣库）　　超弹牛仔裤（优衣库）
麂皮鞋: MINNETONKA　　包包: MUUN
印花大方巾: Halfman

很热的天气

穿宽松一些的衣服，然后将外套搭在肩膀上，用深色凉鞋收尾。驼色和粉色是最适合成熟女性的颜色

蝙蝠衫T恤（优衣库）　　百褶裙（优衣库）
防晒V领开衫（优衣库）　　包包: Sans Arcidet
凉鞋: 松糕鞋

不想考虑搭配的日子

你也许会觉得全身都穿白色很奇怪，其实当我不想考虑搭配的时候，就喜欢全身白色。脚上配一双浅口鞋，可以看到脚指头的那种，这样会显得特别瘦。为了有个对比的色差，建议将头发放下来。

带大口袋的T恤（优衣库）　　超弹牛仔裤（优衣库）
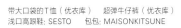
浅口高跟鞋: SESTO　　包包: MAISONKITSUNE

想看起来特别瘦的时候

当你想看起来特别瘦时，推荐薄款的衣服，比如长度到腰部的黑色外套，特别是那种没有纽扣的，可以让线条更流畅，显得又高又瘦。

亚麻混纺披肩式外衣（优衣库）　　人造丝罩衫（优衣库）
超弹牛仔裤（优衣库）　　包包: 乐天
高跟鞋: Pyupyu

开会

黑色的贴身服装在职场搭配中很常见。柔软的罩衫适合选择灰色的。秋天到冬天的过渡期，选择灰色会显得很时尚。有色彩对比度的包包是加分项。

人造丝罩衫（优衣库）　锥形牛仔裤（优衣库）
包包: fifth　　高跟鞋: GALLARDA GALANTE

和爱人吃饭

当你选择连衣裙的时候，请选择容易搭配运动鞋的款式，这样反复搭配的可能性更高。连衣裙搭配的运动鞋和半裙一样，要选择有分量的。

条纹绒布连衣裙（优衣库）
包包: BEAUTY & YOUTH UNITED ARROWS
运动鞋: 新百伦

和妈妈出门

半袖羊绒针织衫要选择颜色华丽的，既适合出行，又显得沉稳、有品味。上衣选择大一些的尺寸，裤子选择修身款，便于行动。

羊绒圆领针织衫（优衣库）　超弹牛仔裤（优衣库）
包包: 芙拉　　皮带和丝巾: 乐天　　高跟鞋: Odette e Odile

运动会

虽然这一天选择耐脏的衣服比较好，但我觉得这一天可以选择清爽风的搭配。比如白色的牛仔裤，再加上淡灰色的亚麻衬衫。休闲的同时也显得良好的品味。包包上亮眼的丝巾是加分项。

亚麻衬衫（优衣库）　超弹牛仔裤（优衣库）
包包: DEVILISHTOKYO　　运动鞋: 匡威

去咖啡厅

罗纹毛圈针织外套，披在身上就很好看，长度到膝盖上方，刚好可以遮住胖胖的大腿，让下半身看起来比较纤细。再用上衣和鞋子来调和颜色。

罗纹毛圈外套（优衣库）　蝙蝠衫T恤（优衣库）
超弹牛仔裤（优衣库）　高跟鞋: SESTO
包包: titivate

去图书馆

适合随意地穿一件宽松毛衣，选择修身的裤子，再加上鲜艳的高跟鞋和围巾。"黑灰色搭配暖色"就是最适合秋冬的搭配。

美利奴混纺的V领毛衣（优衣库）　锥形修身牛仔裤（优衣库）
围巾: 2way　　皮带（优衣库）　　鞋子: SESTO
包包: titivate

露营

露营当然要选择休闲款服装，以及那种能丢到洗衣机里洗的服装。休闲服要选择成人款。当穿运动鞋的时候，要选择收腿的裤子。这样才能提高整体搭配水准！

T恤（优衣库）　全棉直筒收腿短裤（优衣库）
包包：篮子包　帽子：reca　运动鞋：新百伦

去海边或是购物

平时很难搭配的露肩装，去海边的时候正合适。也可以选择一字肩但是领子有松紧带的上衣，然后将领子拉到肩膀以下的位置。

蕾丝T恤（优衣库）　超弹直筒牛仔裤（优衣库）
包包：Pyupyu　运动鞋：耐克 AIR FORCE 1

如果工作场合允许穿运动鞋的话

如果工作场合允许穿运动鞋，这种情况推荐衬衫搭配运动鞋。这样一来就可以在正式中混入休闲，时尚度刚好。衬衫可以选择淡蓝色。

廓形衬衫（优衣库）　超弹直筒牛仔裤（优衣库）
包包：PRADA　运动鞋：耐克 AIR FORCE 1

正式聚会

参加朋友孩子的满月酒等正式聚会时，可以选择温柔的颜色。适合搭配大一号的白色裤子，显得不那么紧身。

人造丝罩衫（优衣库）　直筒七分牛仔裤（优衣库）
包包：SAVEMY　高跟鞋：Pyupyu

换季的时候

夏秋之交，可以搭配靛蓝色长裙，包包上的蓬蓬球可以让人意识到季节的变化。虽然是简单的搭配，但是可爱的小东西成了加分项，让你的时尚度大大提升。

蝙蝠袖T恤（优衣库）　长裙（优衣库）
包包：BEAUTY & YOUTH UNITED ARROWS
运动鞋：匡威　蓬蓬球：乐天

去见很久没见的朋友

蓝色的亚麻衬衫，搭配能让人感受到秋色的高跟鞋。为了不让自己的搭配显得过度休闲，可以在包包上系上丝巾。搭配四四方方的包包，迅速提升整体搭配的格调！

优质亚麻衬衫（优衣库）　修身锥形牛仔裤（优衣库）
包包：芙拉　高跟鞋：SESTO

at last

几年前，我经常有以下想法"虽然我很喜欢买衣服，但是一到选择搭配时就很痛苦""新买回来的衣服穿不了几次，总是搭配出同样的风格""对自己的搭配没有信心"等。那时，我有个很崇拜的人，觉得她穿什么都好看，都很时尚。于是为了模仿她的搭配，我买了很多衣服，但是一到我这儿就好看不起来了。这时候，我觉得是因为"她身材好""她气质好"之类的原因。

但是后来，在网上浏览了各种搭配博客后，我开始客观地审视自己，而且开始学习骨骼分析和色彩分析。这时候才明白，原来自己崇拜的人不管穿什么总是很好看、很时尚，是因为她选择了"适合自己的服装"，从来不穿拉低自己时尚度的衣服。选择自己适合的搭配就会变得那么美丽，从此以后，我开始享受每天搭配带来的乐趣。

将衣服穿出美感的要素有很多，技巧也有很多，但那些都是在寻找到"适合自己的服装"之后进阶阶段的事情，所以首先，我们要找到"适合自己的服装"。如果做不到这一点，谈论要素、技巧都是白搭。

我希望大家有效地利用本书，让自己衣柜里的服装都"适合自己"。